AF390708

STATISTIQUE MONUMENTALE

DU

DÉPARTEMENT DE L'AUBE

PAR

CH. FICHOT

ACCOMPAGNÉE DE CHROMOLITHOGRAPHIES, DE GRAVURES A L'EAU-FORTE
ET DE DESSINS SUR BOIS

DESSINÉS PAR L'AUTEUR

TROYES

LA VILLE ET SES MONUMENTS

5ᵉ Volume — 1ʳᵉ Livraison

PARIS — CHEZ L'AUTEUR, 39, RUE DE SÈVRES

TROYES

Chez Charles GRIS, Successeur de MM. Lacroix et Dufëy-Robert, libraires

RUE NOTRE-DAME, 83

Et chez tous les Libraires du département de l'Aube

1900

LA

VILLE DE TROYES

ET SES MONUMENTS

ÉGLISE SAINT-MARTIN-ÈS-VIGNES

Il y a un demi-siècle, la commune de Saint-Martin-ès-Vignes formait un village indépendant de la ville de Troyes, habité par des vignerons et des jardiniers.

L'exemption des droits d'octroi, dont jouissaient les habitants de cette commune, entraînait les gens de la ville à venir se fixer chez eux.

En 1855, après plusieurs tentatives infructueuses, la ville obtint enfin l'annexion de cette commune.

Les anciens monuments historiques de Saint-Martin étaient : 1° l'église Saint-Martin; 2° la chapelle Sainte-Jule, située dans la rue de ce nom; 3° le couvent des Antonins, qui devint en 1780 la Maison des Ursulines et qui est aujourd'hui le petit séminaire.

Primitivement, l'église Saint-Martin était située dans la rue appelée aujourd'hui rue Sainte-Jule; elle fut entièrement démolie en 1590 par le comte de Saint-Pol, commandant à Troyes pour la Ligue, et les matériaux servirent à construire le fort Chevreuse, situé sur le rempart qui faisait face d'un côté à la rue de Paris et de l'autre à la rue des Filles, aujourd'hui rue Jaillant-Deschaînets. La chapelle Sainte-Jule fut bâtie sur l'emplacement de l'église détruite : chapelle insignifiante qui fut abandonnée à la Révolution et détruite

v.   1

en 1833[1]. Le puits où sainte Jule fut martyrisée, dont les eaux étaient salutaires pour certaines maladies, a été détruit et comblé à la même époque[2].

Dès l'année 1590 on choisit un terrain convenable pour construire une nouvelle église et, par sentence de l'official, on s'arrêta à l'héritage de Luc Lorey, situé sur le haut de la route de Paris, à 2 kilomètres de la ville.

Pendant les dernières années du xvie siècle, on construisit rapidement l'église actuelle ; les travaux subirent quelque temps d'arrêt, sans toutefois qu'on se départît du plan d'ensemble de ce bel édifice.

FAÇADE DE L'ÉGLISE (1)

La façade principale resta bien des années inachevée. Ce n'est que vers 1681 que l'on fit appel à M. Maillet, chanoine de la cathédrale et architecte, le même qui dirigea la construction de l'évêché et de Saint-Loup et qui donna les plans du château des Cours et du château de Sainte-Maure.

L'entrée de l'église s'ouvre sous un grand portique à linteau droit, au-dessus duquel sont les armoiries de Pierre-Henri-Thibault de Montmorency-Luxembourg, abbé de Montiéramey (1679 à 1693), et comme tel seigneur de Saint-Martin et collateur de la cure, suivant une concession faite à l'abbé de Montiéramey par Hugues Ier, comte de Champagne, en 1100.

Les armes de Montmorency-Luxembourg sont d'or, à la croix de gueules, cantonnée de seize alérions d'azur aux becs coupés et pattes fourchées (qui est de Montmorency), la croix chargée en cœur d'un écusson d'argent au lion de gueules, la queue fourchée et passée en sautoir, armé, lampassé et couronné d'or (qui est de Luxembourg) (2). L'écu est surmonté d'une couronne ducale

---

1. Aufauvre, *Troyes et ses environs*, p. 242.

2. Corrard de Breban, *le Puits de Sainte-Jule*, dans l'*Annuaire de l'Aube*, 1855, p. 122.

accompagnée à dextre d'une mitre et à sénestre d'une crosse d'abbé ;
supports, deux anges.

Au-dessus de la corniche du rez-de-chaussée s'élève un péristyle
de grande proportion composé de six colonnes de l'ordre corinthien,

1. FAÇADE DE L'ÉGLISE SAINT-MARTIN

supportant un large entablement que surmonte un grand fronton
triangulaire.

Dans cette décoration exécutée avec beaucoup de prétention, il
nous semble inadmissible que les deux colonnes du milieu portent à
faux sur la baie de la porte d'entrée.

Dans le projet primitif, la partie supérieure de ce portail devait
être contrebutée par des contreforts en contre-courbes s'appuyant sur
les murs et la corniche des bas côtés, qui devaient être reconstruits

jusqu'à la hauteur de la corniche du rez-de-chaussée, ce qui entraînait la reconstruction complète de la première travée des bas côtés. Ce travail ne se fit pas, faute d'argent. Heureusement, aucun accident ne se produisit, et les pierres d'attente sont là qui attestent encore que cette façade est restée inachevée [1].

Le portail se relie aux murs des bas côtés établis conformément au plan primitif de l'édifice. A droite, est une tour inachevée, qui occupe à l'intérieur toute la première travée du bas côté sud avec une minime partie de la chapelle suivante, où se trouve l'escalier de la tour.

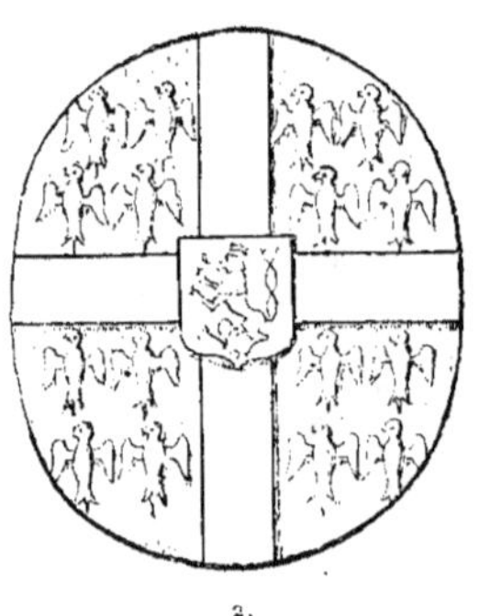

2.

Cette tour inachevée ne s'éleva qu'à la hauteur des combles des chapelles latérales. Elle se terminait, il y a une cinquantaine d'années, par un étage en bois, en forme de beffroi, complètement couvert en ardoises, qui était abrité sur les quatre faces par deux enveloppes d'auvents et éclairé par des fenêtres ogivales ; le tout couronné par une toiture à quatre versants. La tour avait ainsi un aspect pittoresque, qui venait jeter par ses dispositions une note gaie au milieu de la froideur du style de cette triste façade.

Aujourd'hui, de cette tour artistique on a fait une boîte à lapins dont tout le mérite est d'assourdir les sons éclatants de la voix de bronze qui annonçait à la cité le lever de l'aurore et les heures de la prière.

Cette cloche, qui provient de l'ancienne église, porte l'inscription suivante :

michelle ie fuis appellee et fais supplication
a la vierge coronee que gardee foye de fraction
mil v'xlv.

1. Voyez la gravure de cette façade dans Grosley, *Mémoires historiques*, t. II, p. 265.

Sous le portique, à gauche de la porte d'entrée, est un cadran solaire fort ingénieusement construit, avec cette mention : BAZIN FECIT, 1778. Les méridiens de Paris et de l'île de Fer y sont indiqués, avec la latitude des principales villes de France et de l'Europe : Amsterdam, Lyon, Montpellier, Nancy, Marseille, Strasbourg, Turin, Rome et Vienne à l'est, Nantes, Londres, Madrid, Lisbonne et le Cap Vert à l'ouest.

Dans le haut du cadran se trouve inscrit le parallèle que décrit le soleil le jour de saint Martin.

Au milieu du fronton triangulaire est une horloge, au-dessus de laquelle on lit : HOURSEAU 1826.

INTÉRIEUR DE L'ÉGLISE — LA GRANDE NEF

La grande nef se compose de quatre travées divisées par des piliers cylindriques qui ont pour chapiteaux de simples moulures de l'ordre toscan.

La saillie des piliers se prolonge sur le mur des travées jusqu'à la rencontre de l'arc-doubleau et des nervures de la voûte. Celle-ci est en ogive, avec nervures diagonales, liernes et tiercerons qui, à leur point de rencontre, se rattachent aux clefs de voûte par des rosaces et des pendentifs. Les bases des piliers sont très bien exécutées, elles nous rappellent les formes antiques.

A la hauteur des fenêtres, sur la saillie des 2e et 3e piliers de chaque côté, sont des statues supportées par des consoles. A gauche, sur le 2e pilier, sainte Catherine, une palme à la main droite, une épée abaissée à la main gauche, une roue à dents brisée à ses pieds. Sur le 3e pilier est un saint diacre, en tunique et manipule, probablement saint Laurent ou saint Vincent; ses attributs caractéristiques ont été brisés.

A droite, au 2e pilier, est une statue d'évêque grossièrement exécutée; sa mitre est posée par terre à ses pieds; il tient sa crosse de la main gauche, et sa main droite tient un livre appuyé sur son genou.

Sur le 3e pilier, est une sainte femme voilée, les mains jointes, qui rappelle par son attitude et son exécution les statues des sarcophages du xive siècle.

Toutes ces figures proviennent d'un autre édifice.

Les fenêtres de la nef se composent de cinq baies cintrées. A leur base est une fausse galerie composée d'ovoïdes qui s'entre-croisent en formant un anneau sur le côté.

A la naissance de l'arc ogival des fenêtres, règne au-dessus des cintres un bandeau ajouré, formé de cercles et d'ovoïdes couchés en travers.

Dans ce second étage de la fenêtre, la baie centrale occupe toute la hauteur; les deux petites baies qui l'accompagnent se divisent de nouveau par une petite plate-bande, de manière que l'ensemble de la fenêtre forme un portique qui nous rappelle les fenêtres de l'église Saint-Jean.

Nous donnons ici un dessin de ces fenêtres de Saint-Martin ; ce sont des modèles de disposition architecturale et décorative (3).

BAS COTÉ SEPTENTRIONAL

Les bas côtés ne sont pas très élevés; les arcs-doubleaux en ogive et les nervures reposent, d'un côté, sur les colonnes de la nef, et de l'autre sur les murs de refend des chapelles.

La première chapelle, à gauche, est fermée par un mur, sur lequel est appliqué un mauvais tableau représentant la Résurrection de Notre-Seigneur.

Une petite porte donne entrée dans une sacristie, qui devait être primitivement la chapelle des Fonts et qui sert aujourd'hui de garde-meuble.

La voûte de cette ancienne chapelle a perdu ses clefs de voûte en pendentifs.

Ce bas côté septentrional est éclairé par une fenêtre percée dans le mur ouest et donnant sur la place de l'église. La verrière qui l'occupe date des premières années du xviie siècle ; mais bien qu'elle soit une des plus remarquables de l'église, par l'exécution de

sa peinture émaillée, elle est généralement inaperçue des visiteurs,
à cause de sa situation à gauche de la porte d'entrée.

Cette fenêtre se compose de trois jours.

PREMIÈRE RANGÉE. — La première et la troisième baie sont en

3. FENÊTRE DE LA GRANDE NEF

verre blanc. Dans la baie centrale, est représenté saint Claude,
évêque, ressuscitant un enfant mort, couché à ses pieds sur un
coussin orangé à houppettes bleues. Le saint évêque, les mains gantées, tient sa croix de la main gauche et bénit de la main droite.
Par-dessus une tunicelle bleue à franges, il porte une chape doublée
de soie verte, peinte sur verre blanc avec de jolis dessins guillochés
en rouge, d'un très bel effet, avec une riche bordure. La mitre d'azur
est rehaussée d'un galon d'or et de pierres précieuses. Les sandales
sont ornées d'une croix en galon d'or.

Le fond est décoré d'un portique avec colonnes de marbre. Au bas du panneau on lit : Ste Savine, reste d'une inscription provenant d'un autre panneau disparu [1].

Deuxième rangée. — 1er *panneau*. — Sainte Anne, faisant lire la jeune vierge Marie. Elle est vêtue d'une robe d'un rouge éclatant, d'un manteau bleu avec pèlerine sur les épaules et manches de couleur orangée. Marie porte une robe bleue guillochée de dessins d'or, d'une exécution remarquable par la réussite du brillant de ses émaux. La scène se passe à l'intérieur de la maison; sainte Anne tient le livre des deux mains devant la sainte Vierge, qui suit le texte avec un poinçon.

2e *panneau*. — L'Assomption de la Vierge Marie, enlevée par quatre anges, le regard levé vers le ciel, les mains jointes, et les pieds posés sur trois têtes de chérubins; la tête est nimbée d'or et entourée d'étoiles.

3e *panneau*. — Saint Jean-Baptiste, montrant du doigt l'*Agnus Dei*, qui est à ses pieds, portant une bannière bleue, timbrée d'une croix blanche.

Dans les trois cintres des lancettes est représentée la porte du ciel accompagnée de rinceaux de brillantes couleurs. peinture en émail d'une grande richesse.

Dans le cercle central du tympan, Dieu le Père portant le monde et bénissant. Dans les lobes de côté, des anges adorateurs; dans les écoinçons, les chiffres IHS-M.

Les deux panneaux en verre blanc, qui sont au bas de cette fenêtre, remplacent les panneaux où étaient représentés les donateurs, le mari et la femme.

Cette belle verrière. par la simplicité de son ordonnance et le soin de son exécution, est une des plus belles de cette église, et nous l'attribuons à Linard Gontier, dit le Jeune.

---

1. D'après un travail manuscrit de M. l'abbé Méchin, fait vers 1845, il y avait : Ste SAVINE AV HAMEAV.

CHAPELLES DU BAS COTE NORD

Première chapelle des Fonts. — Retable d'autel insigniliant, datant du xviiie siècle. Dans la niche centrale, une statue de saint Jean-Baptiste assez médiocre.

La cuve baptismale sans intérêt.

La fenètre de cette chapelle est partagée en trois jours surmontés d'un cercle et de deux ovales avec supports en S.

Sa verrière représente la ruine de Jérusalem par l'empereur Vespasien et son fils Titus. On doit la lire en commençant par le haut.

Première rangée. — 1er *panneau*. — Vespasien et Titus. Audessus des nuages, un char, attelé de vigoureux coursiers, est conduit par l'empereur Vespasien et son fils Titus ; tous deux portent le bouclier ; Vespasien est armé de l'épée du commandement, Titus du pic de la destruction.

Dans le ciel, un ange qui les précède porte une banderole avec leurs noms :

VASPARIAM

TITVS

Dans la partie cintrée de la baie, deux anges tiennent une banderole sur laquelle on lit :

GLORIA PATRI ET FILIO ET SPIRITVI SANCTO.

Dans l'ovale du tympan, au-dessus de ce panneau, trois anges, dont deux armés de l'épée et le troisième portant un bouclier ; autour d'eux, une banderole avec ces mots : MISERERE MEI DEVS SECONDVM [1].

Ce premier sujet est comme le prélude des malheurs qui vont fondre sur Jérusalem, pour venger la gloire de Dieu outragé par les Juifs en la personne de Jésus-Christ.

---

1. Ce sujet, qui se trouve dans l'ovale de gauche, devrait être reporté dans l'ovale de droite pour correspondre à l'inscription du 3e panneau : MAGNAM MISERICORDIAM TVAM, qui complète celle que nous venons de citer.

2e *panneau*. — David coupable et pénitent implore, en s'accompagnant de la harpe, la miséricorde divine. Il est la figure du peuple juif qui, malgré l'énormité de ses crimes, obtiendrait son pardon s'il voulait se repentir.

En face de David, le prophète Nathan, qui lui a reproché son crime, et qui lui montre du doigt les terribles phénomènes qui se produisent au-dessus de leurs têtes.

En effet, dans le ciel apparaît une épée nue, qui se précipite sur la terre. Elle rappelle ce météore sinistre qui, d'après Tacite et l'historien Josèphe, parut pendant un an au-dessus de Jérusalem sous la forme d'une épée flamboyante.

A côté de cette épée, trois étoiles ardentes, détachées du ciel, percent les nuages et tombent sur la terre avec un jet de flammes sanglantes. Elles rappellent à la fois les feux qui, d'après Tacite, s'échappaient des nues et venaient soudainement éclairer le temple, et la prophétie du Sauveur annonçant que les étoiles tomberaient des cieux.

3e *panneau*. — D'autres mystérieux présages de la ruine de Jérusalem sont représentés dans ce panneau. On vit, dit Tacite, des bataillons s'entre-choquer dans les airs. Et nous voyons, en effet, au-dessus des nuages, quatre guerriers qui se livrent bataille ; un ange, qui assiste au combat, porte une banderole sur laquelle on lit : CREDO IN DEVM.

Au-dessus, deux guerriers sur un char, probablement encore Vespasien et Titus, le premier portant l'épée, le second la hache. Une banderole porte ces mots, qui complètent l'inscription que nous avons citée plus haut : MAGNAM MISERICORDIAM TVAM.

Dans l'ovale du tympan, au-dessus de ce panneau, plusieurs anges, dont l'un tient de la main droite un sceptre et de la main gauche un miroir où l'on voit une tête de mort, symbole de la destruction qui menace Jérusalem. Autour d'eux, une banderole porte cette inscription d'une orthographe très fantaisiste : AV MĀ DEI MEMENTOR MEI (*O Mater Dei, memento mei; O mère de Dieu, souvenez-vous de moi*).

DEUXIÈME RANGÉE. — 1er *panneau*. — Les menaces divines

s'accomplissent. L'armée romaine, ayant à sa tête Vespasien et Titus
à cheval, marche contre Jérusalem. Des soldats sonnent de la
trompe; à leurs instruments sont attachés des fanions timbrés de
l'aigle romaine. Au milieu de l'armée, un soldat tient un drapeau
marqué d'une croix rouge, un autre porte une bannière sur laquelle
on lit :

TITV

VASP

Au bas du panneau est l'inscription suivante :

Vaspasien avec son filz Titus
Comme voye par vraye signifience
Vindrent venger la mort du doux Jesus
Par franc vouloir et divinne advertance.

2ᵉ *panneau*. — Siège de Jérusalem. L'action est sérieusement
engagée sous les murs de la ville. De nombreux archers romains
lancent des flèches sur les assiégés, qui ripostent par des flèches et
des javelots.

Un soldat, armé d'une massue à tête de bélier, cherche à
enfoncer la porte; des assiégés jettent sur lui des pierres énormes
pour l'écraser.

L'inscription qui est au bas de ce panneau s'appliquerait plutôt
au panneau suivant.

Jerusalem et le peuple eut soufrance
Par guerre et faim et grand douleur amere
Manjant souris et rats Bien appremant
Tant que lanfant fut mange de sa mere.

3ᵉ *panneau*. — La famine à Jérusalem. Dans une chambre, un
grand feu allumé. Devant le foyer est étendu le corps d'un enfant
nu, dont les bras ont été coupés. La mère, assise, dévore un des bras
de son enfant, et elle tient de la main gauche une broche qui trans-
perce l'enfant du ventre à la tête pour le faire rôtir. Assis auprès

d'elle, le père tient une cassette pleine d'or, et il avale les pièces de monnaie pour les soustraire à la rapacité des Romains.

A gauche, trois Juifs contemplent avec horreur le spectacle de cette mère qui dévore son enfant.

Dans le fond du panneau, à gauche, des soldats emportent l'arche d'alliance pour la mettre à l'abri des vainqueurs. D'autres, dans le Temple, prennent sur l'autel une châsse que le peintre a surmontée d'une croix.

Sous ce panneau est une inscription incomplète :

> S (*ion cité*) prefumptueuse et fière
> D (*ieu donnera*) ligne mou[1] mervelleux
> E (*n toi sera*) grand famine fur terre
> C (*omme ma*) nger de lor mou precieux.

TROISIÈME RANGÉE. — 1er *panneau.* — Les Juifs massacrés et emmenés en captivité. Titus est à cheval ; près de lui, un marchand d'esclaves, les épaules couvertes d'un manteau rouge, lui achète des prisonniers et lui en met le prix dans la main. Un soldat romain porte une bannière verte avec le nom de TITV.

A gauche, groupe nombreux de prisonniers. Un d'eux est poignardé par un soldat romain. Un autre soldat ouvre avec un poignard l'estomac d'un juif étendu par terre pour arracher de ses entrailles l'or qu'il avait avalé.

A droite, dans une barque, des prisonniers qu'on emmène.

Dans le fond du tableau, plusieurs tentes qui représentent le camp romain.

Au bas du panneau, on lit cette inscription :

> Titus fiet maiete le feu par tout lieu
> Et maietre a fane juifz fans fureur
> Et pour la mort du roy des cieulx vanger
> En fiet donner trente pour ung denier.

2e *panneau.* — La donatrice et sa fille, en corsage violet et jupe

---

1. Pour moult.

grise ; la mère a un voile blanc, avec une étoile d'or sur le front ; la fille a un voile brun. (Ces figures ont été restaurées avec des vêtements qui appartiennent au commencement du xvie siècle.)

Elles sont agenouillées, les mains jointes, devant un prie-Dieu ; sur le livre ouvert, on lit : NOLITE FIERI SICVT ECVS ET MVLVS, *Ne soyez pas semblables à la bête de somme (cheval et mulet).*

3e *panneau.* — Le donateur et ses deux fils, vêtus d'un justaucorps brun boutonné, d'un manteau brun, court, les chausses nouées par des rosettes à la jarretière. Ils sont agenouillés, les mains jointes, devant un prie-Dieu.

Sous les deux panneaux, on lit l'inscription de donation :

Pierre bailleit et maris berthier fa femme on donnez fefte verriere Priez pour eux et pour les trepaffez. faict lannees 1618.

Tympan. — Dans le cercle du tympan est représentée l'Adoration des mages. La sainte Vierge est assise, tenant l'Enfant Jésus sur ses genoux.

Le premier mage, agenouillé, se découvrant devant le Sauveur ; les deux autres, debout, préparant leurs présents.

Ce sujet se rattache, par opposition, au sujet principal de la verrière. Il montre les Gentils, figurés par les mages, répondant à l'appel de la grâce et prenant la place des Juifs, qui, pour avoir renié et crucifié Jésus-Christ, sont rejetés de Dieu et effacés d'entre les peuples [1].

Deuxième chapelle. — Le retable est surmonté d'une niche couronnée d'un pinacle. Une console porte une curieuse statue de l'ange Gabriel, du xvie siècle, en pierre.

L'ange est vêtu, par-dessus sa robe, d'une tunique serrée à la taille par un ruban et terminée par une frange à houppettes. Les manches bouffantes, resserrées aux poignets, sont serrées au-dessus des coudes par un large bourrelet. Il a une écharpe en bandoulière.

---

[1]. Le dessin et la composition des sujets représentés sont très mauvais ; ils nous rappellent les images d'Épinal que l'on vendait sur les places publiques il y a cinquante ans ; aussi, nous nous dispenserons d'en publier le moindre dessin.

De la main gauche il porte un sceptre entouré d'un phylactère, et de la main droite il annonce le mystère de l'Incarnation.

La fenêtre de cette chapelle se compose de trois baies cintrées surmontées de cercles où s'intercalent des contre-courbes.

La verrière représente quelques passages de la vie d'Abraham, d'Isaac, patron du donateur, et de Jacob.

PREMIÈRE RANGÉE. — 1er *panneau*. — La donatrice avec ses six filles. Près d'elle, sa patronne sainte Agnès, richement vêtue, lui entourant les épaules de son bras droit et tenant une palme de la main gauche.

La mère et les filles sont agenouillées, les mains jointes ; vêtues de robes noires, elles ont sur la tête la coiffe noire si répandue au XVIe siècle. Seules, les deux plus jeunes filles ont la tête couverte de petits béguins violets, et leurs vêtements sont d'un brun rosé.

Toutes portent des poignets de dentelles, et elles ont au cou de jolies collerettes ajourées et gaufrées.

Toutes ces figures, d'une remarquable exécution, sont de véritables miniatures sur verre que le dessin ne peut rendre que d'une manière très incomplète à cause de la finesse du coloris.

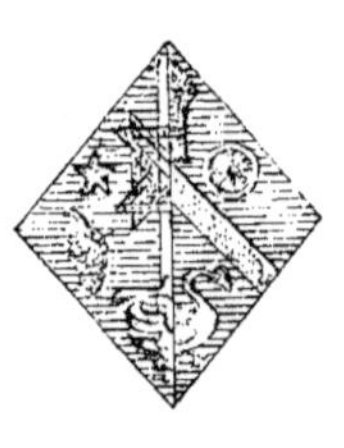

Sur le prie-Dieu de la donatrice, on voit les armoiries de son mari et les siennes : au 1 d'azur à un dextrochère gantelé d'or, sortant d'un nuage d'argent, tenant une épée d'argent à la garde d'or, dont la pointe dressée en l'air porte des triangles qui se compénètrent, avec deux étoiles d'or en chef et deux raisins d'or en pointe (Gillebert) ; au 2 d'azur au chevron d'or, accompagné en chef d'une gerbe d'or, à dextre et à sénestre de deux roues d'or à huit rais, et en pointe d'un cygne d'argent (4).

On lit, au bas du panneau, une inscription composée de parties anciennes et de parties modernes très mal refaites, qui se continue dans les deux autres panneaux, mais sans donner une indication complète sur la donatrice.

𝕳onorable 𝕳omme Jfaac 𝕲illebert (Et agnes) de la Com . . . .

. . . fainct Martin

On donne cette Verriere   (Et tous) . . . Can   dix neuf

La partie d'inscription qui est dans le troisième panneau a été refaite et fait double emploi avec le reste. Mais il faut noter dans ce panneau quelques fragments d'une inscription qui se rapporte au vitrail de l'Apocalypse.

Cefte féme	. . . . couppe
Montee fur	. . . . en leurs coupe
Ces plues	. . . . cart

2ᵉ *panneau*. — Après qu'Abraham eut défait les cinq rois qui emmenaient Loth son neveu en captivité, Melchisédech, roi de Salem et prêtre du vrai Dieu, vint à sa rencontre, le bénit et lui offrit le pain et le vin pour ses soldats victorieux.

Abraham est représenté à genoux devant Melchisédech, qui le bénit et lui présente le pain. Melchisédech porte un riche costume, avec agrafe en pierres précieuses sur la poitrine ; le bas de sa tunique est garni de globules et de clochettes, et bordé d'un orfroi chargé de pierres précieuses. Sur sa mitre, on lit : IEOVAS.

A droite, derrière Melchisédech, sont trois serviteurs, dont le premier tient une aiguière pleine de vin. A gauche, derrière Abraham, plusieurs soldats ; le plus jeune tient le cheval d'Abraham par la bride. Toutes les figures sont admirables de finesse et d'expression.

Par terre, auprès d'Abraham, est son casque à panache avec une visière en forme de museau de chien ; une caisse ouverte laisse voir des vases et des joyaux d'or.

Au bas du panneau on lit cette inscription refaite d'après l'inscription primitive :

𝕸elchifedecs pain et vin prefenta — XIIII
a Abraham qui fort fe contenta — 𝕲enefe.

3° *panneau*. — Le donateur et ses quatre fils.

Nous ne connaissons rien de plus beau que la physionomie de ces cinq personnages; l'expression est admirable, rien n'est plus naturel que l'attitude des deux derniers fils qui, sans se départir de

5.

leurs prières, se parlent des yeux; le mouvement est merveilleux.

Tous sont vêtus de noir, à l'exception du cinquième fils, dont les vêtements sont violet clair; un justaucorps leur serre la taille et un petit manteau couvre leurs épaules, une culotte bouffante est attachée aux genoux avec une jolie rosette.

Tous portent des cols et des poignets blancs.

Deux des fils ont des ceintures de rubans noués en deux places avec des passe-lacets d'or à chaque nœud.

6.

Le père est représenté agenouillé devant un prie-Dieu portant l'écusson de Gillebert (5).

Au-dessus de la tête du second fils, les triangles enchevêtrés de ce même blason se trouvent répétés dans de plus grandes proportions, mais ornés d'un joli bouquet de fleurs qui garnit trois des compartiments (6). Ce troisième blason est un point de démarcation qui nous indique par sa présence qu'il y a deux familles, celle du père et celle du fils aîné (7).

Deuxième rangée. — 1ᵉʳ *panneau*. — Abraham reçoit trois anges à sa table qui est dressée sous un arbre, dans la vallée de Mambré, devant la maison du saint patriarche. Sur la table, dans un plat, est le veau offert par Abraham à ses hôtes; au pied de la table, une aiguière pleine de vin.

Les anges ont les bras et les jambes nus comme des voyageurs. L'un d'eux est à table, assis sur les racines de l'arbre; Abraham, en robe violette, est près de lui; et le second ange lui annonce qu'il aura un fils. Entendant ces paroles, Sara, qui ouvrait la porte de la maison pour apporter sur la table trois gâteaux jaunes comme l'or, se mit à rire et, au moment où elle arrive souriant encore, le troisième ange lui demande si elle croit que Dieu ne puisse la rendre mère.

Dans le haut du panneau, un petit sujet en grisaille représente les trois anges arrivant dans la vallée de Mambré, ou la quittant pour se diriger vers Sodome.

Au bas du tableau cette inscription refaite :

Comme Abrahan par grand Devotion
Donne a trois Anges une refection. Genes. 18.

5. GUILBERT, SES FILS ET PETITS-FILS.

2ᵉ *panneau*. — Sacrifice d'Abraham. Isaac, les jambes, les bras et le cou nus, couvert d'un léger vêtement rose, est agenouillé, les bras croisés sur la poitrine, sur un autel où le bûcher est préparé ; près de lui, est un vase plein de feu pour allumer le bûcher.

Abraham, vêtu d'une tunique collante de couleur bleue et d'un manteau rouge, tire l'épée du fourreau, qui gît à terre auprès d'Isaac, et va frapper son fils ; mais un ange arrête l'épée. Derrière le patriarche, un bouc (et non pas un bélier) embarrassé dans un buisson d'épines.

Dans la plaine, deux serviteurs d'Abraham et l'âne, qui emploie ses loisirs à brouter.

Inscription moderne :

A Abraham Dieu Commende Immoler — XXII
Son Fils Isaac puis l'Ange Deffend Le decoler — Genes.

3ᵉ *panneau*. — L'échelle de Jacob. Jacob, ayant quitté Bersabée pour aller à Haran en Mésopotamie chez son oncle Laban, s'arrêta à Béthel pour y passer la nuit.

Sur ce panneau, Jacob est couché au pied d'un arbre, la tête appuyée sur le bras droit, son sac et son baril près de lui. Profondément endormi, il voit en songe une échelle qui monte jusqu'au ciel.

Deux anges, dont l'un a de jolis poignets tuyautés, la maintiennent; l'un d'eux, qui vient de descendre, a encore le pied sur le dernier échelon; un troisième descend des échelons supérieurs; un quatrième arrive au sommet près de Dieu le Père qui, tenant l'échelle de la main droite, accueille l'ange de la main gauche. Le Père éternel est au-dessus d'un groupe de nuages, au milieu d'une vive lumière; il est vêtu d'un manteau rouge et porte une tiare rougeâtre à triple couronne d'argent. C'est dans cette vision que Dieu promit à Jacob que tous les peuples de la terre seraient bénis en lui et en son descendant, le Sauveur Jésus.

Tout le fond du tableau représente un palais, contre lequel est appuyée l'échelle mystérieuse (6).

Au bas du panneau, on lit :

Jacob Songeant Void en Profond Sommel
Anges monter et defcendre du Ciel. Genese XXVIII.

Dans les lobes du tympan de la fenêtre, des anges portent des rameaux en signe de paix et d'allégresse, et d'autres jouent de divers instruments.

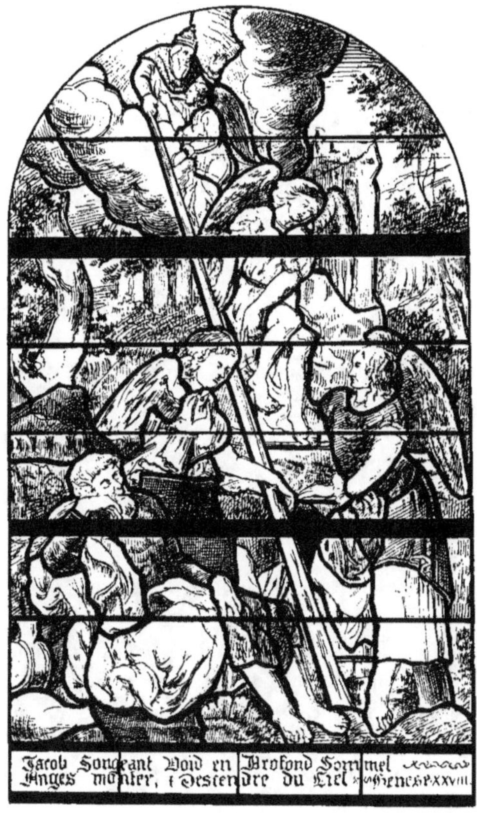

6. ÉCHELLE DE JACOB.

Dans le haut, Dieu le Père bénissant. Il porte une tiare rougeâtre avec la triple couronne d'argent.

Troisième travée. — *Porte latérale inachevée.* — Au-dessus de la porte, une petite fenêtre à trois baies cintrées.

Baie de gauche. — Saint Louis, portant la couronne royale de

France; vêtu d'une robe bleue fleurdelisée d'or, avec une pèlerine d'hermine et le collier de Saint-Michel. Il a la barbe courte et porte la moustache. De la main droite, il tient le sceptre et la main de justice et, de la main gauche, il serre la couronne d'épines sur son cœur.

Baie du milieu. — Saint Jean-Baptiste vient d'être décapité; le corps gît à terre et l'exécuteur, tenant l'épée de la main gauche, dépose la tête dans un bassin que tient Salomé. Il est en chemise blanche à col tuyauté, avec des chausses à bandes rouges et jaunes; il a une toque rouge sur la tête.

Dans le fond, sous un baldaquin vert en forme de coupole, une jolie grisaille dorée représente le festin royal. Hérode tient le sceptre, Hérodiade lui parle et Salomé présente la tête du Précurseur. Sur une galerie du haut, deux joueurs de trompes.

Baie de droite. — Vierge Mère assez médiocre, portant sur son bras droit l'enfant Jésus, qui tient le globe de la main droite et un fruit tigé de la main gauche.

Sur le mur de la travée à droite, est une statue de l'*Ecce homo*, debout.

BAS COTÉ MÉRIDIONAL

PREMIÈRE TRAVÉE. — La porte cintrée de la tour donnant sur la façade du monument. A droite, près de cette porte, un *Ecce homo*, assis sur sa tunique sans couture. Cette statue ne manque pas de valeur.

A l'occident, une fenêtre composée de trois baies surmontées d'un cercle et de deux écoinçons.

La verrière de cette fenêtre est très endommagée et ne brille pas par sa belle exécution; c'est une des plus mauvaises de cette église.

Elle représente plusieurs scènes de la Passion.

PREMIÈRE RANGÉE. — Les deux premiers panneaux sont en verre blanc; ils devaient représenter les donateurs.

3ᵉ panneau. — Sainte martyre, un livre à la main droite, une palme à la main gauche. Près de sa tête on lit : ymage S^te[1]. Au-dessous du panneau, fragment de l'inscription de donation :

> (ont) donne (ceste verrier) e en...
> (priez) dieu (pour les tr)efpaf(sez)

DEUXIÈME RANGÉE. — 1er *panneau*. — Jésus à la colonne, flagellé.

2e *panneau*. — Jésus tombant sous le poids de sa croix, et une sainte femme lui essuyant le visage.

3e *panneau*. — Jésus condamné à mort, emmené par les soldats, pendant que Pilate se lave les mains[2].

TROISIÈME RANGÉE. — 1er *panneau*. — Jésus couronné d'épines.

2e *panneau*. — Jésus mourant sur la croix.

3e *panneau*. — Jésus cloué à la croix.

Dans le cercle du haut, le Père éternel.

Première chapelle. — *Chapelle Saint-Sébastien.* — Retable en carton-pierre, sans intérêt ; sur une console, la statue assez bonne de saint Sébastien mort, les yeux fermés (xviie siècle).

Sur le contrefort de la tour, qui empiète sur la chapelle, une sainte femme toute dorée (xviie siècle). Elle a les mains jointes, les doigts croisés de douleur ; son attitude et son expression nous font penser que c'est une sainte femme du calvaire ou du sépulcre.

La fenêtre de cette chapelle se compose de trois jours surmontés d'un tympan avec cercle et demi-cercle.

La verrière doit être lue en commençant par le haut.

PREMIÈRE RANGÉE. — 1er *panneau*. — Saint Sébastien, tout jeune encore, monté sur un cheval, se rend à Milan pour y faire ses études. Vêtu d'une tunique, son manteau sur l'épaule, la tête couverte d'une toque à plumes qui lui donne une fière allure. Un per-

---

1. D'après le travail manuscrit de M. l'abbé Méchin, il y avait jadis : ymage S^te criftine.

2. On voit que les panneaux ont été intervertis. Ce panneau et les suivants devraient être placés avant le portement de croix. De même pour les deux derniers panneaux : Jésus cloué sur la croix devrait être placé avant Jésus expirant sur le calvaire.

sonnage plus âgé, probablement son gouverneur, l'accompagne à cheval. Derrière lui, un valet, portant un sabre à la main droite et une lance sur l'épaule gauche.

Dans le haut, un épisode représente une discussion philosophique entre un docteur et un étudiant, qui est probablement saint Sébastien.

Au bas du panneau, une inscription qui peut être rétablie ainsi :

      Saint *sebastien* **sen va A milan Estudier**
      En *peu de* **temps Il sit son esperit admirer.**

Quelques autres mots se rapportent à une inscription quelconque de donation.

      venerab *le*
      colegial
      mil cinq

2ᵉ *panneau.* — Dioclétien et Maximien, le sceptre à la main, sont assis sur un trône, sous un riche baldaquin broché d'or. Le premier a sur la tête une couronne de laurier d'or; le second est coiffé d'un turban sur lequel est posée la couronne impériale antique.

Ils sont entourés de gardes nombreux, armés de hallebardes.

Devant eux, est debout le jeune saint Sébastien, sa toque à la main gauche, répondant avec assurance aux questions qui lui sont posées, et méritant d'être mis par l'empereur à la tête de l'armée, ainsi que l'explique l'inscription.

      Diocles lanpereur honnorēt sa valeur
      En son amee le fait un chef et cōmandeur.

3ᵉ *panneau.* — Saint Sébastien jeté en prison. Sur la porte de la prison, un officier, l'épée au côté, reçoit le saint, que suit une espèce de délateur qui le désigne d'un geste hypocrite. Un soldat vient par derrière. Par la fenètre de la prison, deux personnages regardent le nouveau prisonnier.

Dans le ciel, un ange tient des deux mains une banderole où nous lisons cette inscription mal refaite : **Ego dabo nobis et est** (*pour os*) **et sapientiam.** *Je vous donnerai des paroles pleines de sagesse auxquelles vos ennemis ne pourront résister ni contredire.*

Il n'y a point d'inscription au bas de ce panneau.

DEUXIÈME RANGÉE. — 1ᵉʳ *panneau.* — Saint Sébastien, attaché à un arbre couvert de feuilles, est arquebusé en présence des deux empereurs. Les archers semblent discuter la valeur de leurs coups. Au bas du panneau on lit :

> **De fleches tout fon cors** *percé*...
> **Il porte**[1] . . . .

Autrefois, on lisait sur une seule ligne, qui se prolongeait dans les trois jours de la fenêtre, l'inscription de donation. Il n'en reste plus que ces mots :

> **Et martine pichot fa** *femme.*

2ᵉ *panneau.* — Saint Sébastien est assommé par ses bourreaux. La partie inférieure, où se trouvait le saint, a disparu ; il ne reste plus que le haut du corps des bourreaux, qui lèvent leurs massues pour frapper.

A gauche, à la fenêtre du palais, les deux empereurs assistent au supplice.

Au second plan du tableau, une scène épisodique représente sainte Lucine et saint Polycarpe, retirant le corps du saint martyr du puits où il avait été précipité.

Au-dessus du puits, deux anges emportent l'âme du saint au ciel[2].

3ᵉ *panneau.* — Il devait être occupé jadis par les donateurs ; aujourd'hui, il est en verre blanc.

---

1. D'après le travail manuscrit de M. l'abbé Méchin, il y avait jadis : **Il porte en lhonneur de dieu le maltraictement.**

2. Autrefois il y avait, au bas du panneau, ce reste d'inscription, qui a disparu depuis : **Ces fleches layant layfe vivant.**
   On laffomme. . . . .

Dans le cercle du tympan, Dieu le Père bénissant. Dans les écoinçons, un concert d'anges jouant de divers instruments.

DEUXIÈME TRAVÉE. — *Chapelle Saint-Pierre.* — Autel en bois de chêne. Sur une console, la statue de saint Pierre pleurant sa trahison, reproduction en carton-pierre d'une figure intéressante du xviᵉ siècle, surmontée d'un dais moderne sans intérêt.

Même disposition pour la fenêtre que dans les chapelles précédentes.

La verrière représente la Création et le péché originel. Comme pour la précédente on doit en commencer la lecture par le haut.

Au sommet de la fenêtre, Dieu créant le monde. Près de lui le soleil et la lune; au-dessous de lui, les oiseaux et les animaux: licorne, cheval, lapin, cerf, chien-loup, lion, escargot, belette, bouquetin, dindon faisant la roue, autruche, éléphant. Au bas de ce panneau, on lit sur une pancarte :

> Dieu au commencement cieux et terre crea
> clerte aftres eaulx animeaux et verdure
> tout cela voyant bon outre lui agrea
> De creer lhomme adem т humaine nature.

Dans les écoinçons du tympan, sont des épagneuls, des lapins et des dindons, en souvenir de la création.

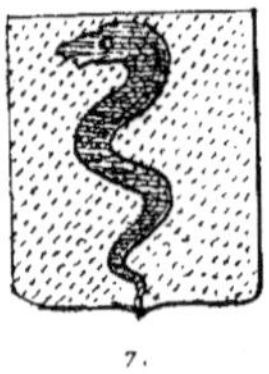

PREMIÈRE RANGÉE. — ᵢᵉʳ *panneau.* — Création de l'homme et défense de manger le fruit de l'arbre de la science du bien et du mal. Dieu, vêtu en pape, prend par la main Adam encore couché à terre et lui intime la défense de toucher à l'arbre de la science. On lit, au bas du panneau, cette inscription où la première ligne est à peu près inintelligible :

> . . . . . Defprit vivant le Seigneur Dieu Adam il vivant
> . . . . . de manger tous fruits hors mis celuy de vie.

Au-dessus du panneau sont les armoiries des Colbert : d'or à la couleuvre d'azur tortillée en pal (ᷞ). L'écusson est surmonté d'un heaume de profil. à lambrequins.

2ᵉ panneau. — Il est occupé, dans toute la hauteur de la baie, par le crucifiement dont nous parlons plus loin.

3ᵉ panneau. — Dieu interroge nos premiers parents après leur péché. Adam est debout, Ève est accroupie contre un arbre et cache sa nudité. Dieu, vêtu en pape, leur apparaît et leur reproche leur désobéissance, comme le dit l'inscription.

> **La voix de Dieu grendement les estonna**
> **Que pour Avoir mesprise sa defanse.**

Au-dessus de ce panneau est l'écusson de la donatrice entouré d'un cordon de veuvage : d'argent, semé de trèfles de sable, au lion du même brochant sur le tout, au chef d'azur à trois glands d'or (Forest) (8). Marie Forest, fille de Nicolas Forest et de Guillemette Cochot, avait épousé Odard Colbert, bourgeois de Troyes[1].

8.

DEUXIÈME RANGÉE. — 1ᵉʳ *panneau.* — Reproches de Dieu à Adam et à Ève, qui s'enfuient en cachant leur nudité. Ève a encore la main droite dans les branches de l'arbre défendu. L'inscription est la même que celle du panneau précédent, par suite d'une restauration maladroite.

> **La voix de Dieu grendement les estonna**
> **Cest pour Avor mesprise sa deffense.**

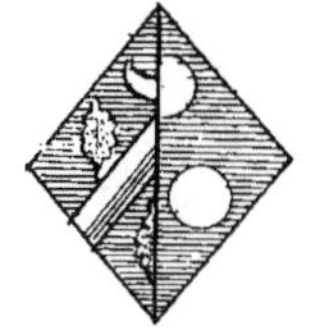

9.

3ᵉ panneau. — Adam et Ève chassés du Paradis par l'ange à l'épée flamboyante.

Au bas de ce panneau, à droite, est un écusson renversé qui sert de remplissage et qui n'appartient pas à cette fenêtre. En le retournant, on a le blason suivant : au 1 d'azur à un chevron d'argent, surmonté d'un croissant du même, et accompagné de trois feuilles de chêne d'or (Paillot); au 2 d'azur à trois besants d'argent (Chiffalot) (9).

---

1. *Archives de l'Aube.* E. 56.

On lit sous ce même panneau une partie de l'inscription de donation :

De feu Noble Hôme François bourgoyes de Troyes a donne et de Se . . . . . on faict
dacte du Dernier fevrier De · vi · c · priez Dieu pour . . .[1]

A cette inscription se rattachent probablement quelques mots qui se trouvent au bas du 2ᵉ panneau : **Damoifelle** . . . . . **en derniere** . . . . . **maitre en fo** . . . . .

Baie du milieu. — Cette baie qui forme le second panneau de la verrière et de la seconde rangée est occupée tout entière par la scène du Calvaire, où Jésus-Christ, le nouvel Adam, répare le péché de nos premiers parents.

PORTE MÉRIDIONALE

TROISIÈME TRAVÉE. — Cette dernière chapelle sert de passage ou de porte d'entrée à l'église, ce qui est peu usité dans une église avec un transept, où c'est celui-ci qui doit, par sa situation, servir de passage aux fidèles.

La porte d'entrée de cette travée est couverte d'un abri en bois sculpté, exécuté par M. Valtat. Au centre de ce meuble, qui n'est pas d'un très bon goût, est une niche renfermant un saint Antoine.

Sur le mur à gauche, debout sur une console, est saint Philippe, apôtre. A droite, une sainte Madeleine, tenant son vase de parfum dans la main droite.

La petite fenêtre, au-dessus du passage, contient une verrière représentant la sainte Trinité. Dieu le Père et Jésus-Christ tenant sa

---

1. En 1576, il y avait un François Paillot, bourgeois de Troyes. *Archives de l'Aube,* série E., 896. Serait-ce le mari de la donatrice de cette verrière ?

Au lieu de la date *De VI C,* qui est à la seconde ligne, le peintre avait écrit tout d'abord **Troyes,** ce qui n'avait aucun sens ; mais il a ensuite changé certaines lettres et il en a effacé d'autres en partie, de manière à transformer le mot **Troyes** en **De vi c.**

croix sont assis; le Saint-Esprit plane au-dessus d'eux. Dans les écoinçons, des anges adorateurs.

A l'extérieur, cette porte est décorée avec une grande simplicité. Elle se compose de deux colonnes Renaissance rehaussées d'un socle. Le tout portant un large entablement sur lequel s'élève un fronton circulaire, rompu pour ménager la petite fenêtre circulaire qui éclaire l'intérieur.

Dans la frise de l'entablement est cette inscription sur deux lignes :

IN · NOMINE · IESV · OMNE · GENV · FLECTATVR ·
1610 · CŒLESTIVM · TERRESTRIVM · ET · INFERNORVM ·
PHILIP · 2 ·

Au centre du linteau, un fleuron ovale avec rayons flamboyants, qui devait contenir le monogramme du Christ.

Sur le joint du vantail de la porte est une petite niche dans laquelle est une sainte Catherine tenant un livre ouvert de la main gauche et dans la main droite une palme et une épée abaissée.

Sur les panneaux des vantaux, des rosaces repoussées au marteau.

TRANSEPT NORD

Le transept septentrional comprend une seule travée qui a les mêmes proportions en hauteur que celles de la nef et du chœur.

A droite, contre le mur de refend, s'élève un autel en bois genre gothique exécuté par M. Valtat, qui n'offre aucun intérêt. Sur une console, au-dessus du tabernacle, est une statue de saint Martin. A droite et à gauche, sur les volets du retable, sont deux autres statues d'évêques dont rien n'indique les noms.

Sur les côtés du tabernacle, deux bas-reliefs de M. Valtat représentent : à droite, saint Martin partageant son manteau ; à gauche, le sacre du saint évêque.

Dans l'encoignure du mur de refend est la porte conduisant aux combles de l'église et au campanile des cloches, qui s'élève au centre des deux transepts.

Au-dessus de cette porte est une châsse du XVIIe siècle, dite de saint Martin, qui ne manque pas d'intérêt. Elle se compose de trois arcatures sur la face principale et d'une simple arcade sur les côtés, le tout vitré et renfermant plusieurs ossements de différents saints, en particulier de saint Martin et de sainte Jule, disposés sur un fond de soie rouge broché d'or.

Les pilastres des arcades et ceux des angles de la châsse sont décorés de petites niches, avec leurs statuettes, surmontées de pinacles qui leur servent d'abris.

Une toiture écaillée supporte une jolie statuette de saint Martin en chape, qui nous rappelle le saint Loup de la châsse de la cathédrale.

Cette châsse, en bois doré, mesure $1^m,20$ de hauteur sur $0^m,76$ de largeur.

Mur occidental. — Contre le mur de refend du transept, en face l'autel Saint-Martin, est un grand tableau-panneau peint sur bois, qui se divise en trois parties et qui se rapporte à la vie de saint Edme, archevêque de Cantorbéry.

La partie du milieu représente la naissance de saint Edme. Dans le haut, la mère est au lit, coiffée d'un fichu; une servante lui apporte un bol. Près du lit, un grand fauteuil et une table chargée d'un bassin avec aiguière et d'une corbeille de fruits. Dans le bas, trois servantes s'occupent de baigner et de couvrir l'enfant; une quatrième fait chauffer des langes au feu d'une cheminée, contre laquelle sont appliqués un soufflet, une pelle et des pincettes.

La partie de gauche reproduit un épisode très curieux de la jeunesse de saint Edme. Après la mort de sa mère il résolut, avant de retourner à Paris pour ses études, de se consacrer à la sainte Vierge par le vœu de chasteté. Il se rendit dans une église, à l'autel de Marie, et déposa au pied de sa statue deux anneaux sur lesquels il avait fait graver la salutation angélique; puis, ayant prononcé le vœu de chasteté perpétuelle, il prit un des anneaux et le mit au doigt de la sainte Vierge, comme le signe de l'alliance qu'il contractait avec elle; il plaça l'autre à son doigt et le conserva jusqu'à la mort, afin de se souvenir toujours de son serment.

Le peintre a représenté une belle chapelle gothique et la statue de la sainte Vierge dans une niche. Le saint, à l'âge de l'adolescence, modestement vêtu, sa coiffure à la main gauche, est devant elle; Marie abaisse vers lui sa main droite et le saint jeune homme lui passe l'anneau au doigt.

Dans la partie de droite est représenté le sacre de saint Edme. Le saint est assis au milieu et trois évêques lui posent la mitre sur la tête. De chaque côté sont plusieurs clercs; à gauche, on a représenté un dominicain, probablement de la famille du donateur.

Ce panneau est du XVIIe siècle. Hauteur 1^m,26; largeur 2^m,14.

Au-dessus de cette peinture, est un tableau représentant l'apparition de Jésus ressuscité à sainte Madeleine. Il ne manque pas de valeur et peut être attribué au peintre troyen Guillaume Cossard, qui était de Saint-Martin (1663-1716).

Fenêtre du transept. — La fenêtre nord du transept occupe, comme à Saint-Nizier, toute la hauteur et la largeur du transept. Elle se divise en trois parties dans sa hauteur et en trois lancettes dans sa largeur.

La verrière de la première division représente la vie de saint Martin. Les panneaux se distribuent en trois rangées.

Première rangée. — 1er *panneau.* — Le donateur et sa femme, tous deux agenouillés, les mains jointes, devant un prie-Dieu timbré d'azur au lion rampant tenant une aune entre ses pattes; au chef chargé de trois étoiles; le tout d'or.

Le mari est assisté de son patron saint Jacques, tenant un livre ouvert à la main gauche, son bourdon et une sacoche de cuir velu à la main droite, ayant sur la tête un chapeau relevé sur le devant et orné d'une coquille. La donatrice est accompagnée de saint Léonard, son patron, en abbé, vêtu d'une robe de bure à capuchon avec une pèlerine violette, tenant de la main gauche une crosse avec son velum et un livre, et brisant de la main droite les chaînes de deux prisonniers à genoux devant lui. Derrière lui, dans une petite ouverture cintrée qui éclaire l'appartement, est un apôtre, la tête entourée d'une auréole lumineuse, tenant une scie (probablement saint Simon) (10).

Au bas du panneau, on lit cette inscription qui a été refaite en 1895 :

> Iaques Bardin aulneur par Devotion
> A legue Ceste Vistre a leglise
> et Linarde Sauger Sa Femme
> Priez Dieu que en Repos Soit leur ame.

2ᵉ panneau. — Naissance de saint Martin.

La mère dans son lit; près d'elle, deux suivantes lui apportent à manger et à boire. Devant le lit, deux autres cameristes nettoient l'enfant; à leurs pieds est une large cuvette. Dans le fond de la chambre, une servante devant la cheminée fait chauffer les langes. Sur une table, une aiguière, un lapin sur un plat, un pain rond et deux cerises.

Au bas du panneau, nous lisons :

> Sainct Martin veit le jour au pais de Hongrie
> au temps de Constantin en dedans sabarie.

3ᵉ panneau. — Saint Martin, à la porte d'Amiens, monté sur son cheval, coupe son manteau avec son épée pour en offrir une partie à un pauvre malheureux, demi-nu, qu'il rencontre sur son chemin en sortant de la ville. Derrière lui, des seigneurs et cavaliers qui l'accompagnent. Dans le fond du tableau, les murs et les maisons de la ville.

On lit au bas ces deux lignes :

> Le vecy quant lui pauvre a la porte d'Amiens
> Partage son Manteau sautte dautre moyens.

Deuxième rangée. — 1ᵉʳ *panneau*. — Apparition de Jésus à saint Martin. Jésus, un manteau rouge sur son corps nu et stigmatisé, au milieu d'une gloire lumineuse, accompagné de quatre anges, est descendu du ciel dans la chambre où repose saint Martin. A droite, on

voit saint Martin couché dans un lit à colonnes, encore endormi et
subissant néanmoins le charme de cette apparition divine.

1º. JACQUES BARDIN ET LINARDE SAUGER SA FEMME.

Au bas, nous lisons cette inscription :

Repofant en fon lit Jefus la Nuict Suivante
Couvert de cet habit A Luy fe Reprefente.

2ᵉ *panneau*. — Baptème de saint Martin.

Un évèque, en chape rouge à chaperon de drap d'or, verse l'eau
du baptème sur le saint à demi-nu, agenouillé, les mains jointes,
dans une cuve; ce prélat est accompagné de deux clercs, l'un portant

une torche, l'autre tenant un livre. Derrière le saint est un noble vieillard ayant une bande d'hermine autour du cou et tenant de la main gauche une jolie toque à panache; il est suivi de plusieurs autres assistants. Dans le fond du tableau, à gauche, saint Hilaire, évêque de Poitiers, assis sur son trône, donne à saint Martin, courbé devant lui, l'habit religieux. Un moine prend part à cette cérémonie de vêture.

Au-dessous du panneau est une inscription tellement tronquée qu'il est difficile de la rétablir en entier.

Voici ce qui reste :

**Aufy Sainct . . . . le voit Babtiſer
Quiefter Ce . . . . aulſy de Exerciſer** [1]

3ᵉ *panneau*. — Ce sujet est très rare dans nos contrées. Des superstitions païennes, très répandues en Gaule, faisaient vénérer un arbre consacré aux faux dieux. Saint Martin voulut le faire arracher, mais les païens s'y opposèrent et lui dirent : « Si tu as confiance en ton Dieu, mets-toi dessous cet arbre pendant que nous le coupons et, si ton Dieu est puissant, il te protégera. » Martin alla se mettre contre l'arbre; au moment où le pin allait tomber sur lui et l'écraser, le saint fit le signe de la croix et l'arbre, se redressant, tomba du côté opposé sur les païens qui se croyaient en sûreté.

Sur le panneau, on voit saint Martin attaché à l'arbre par les bras et les pieds; plusieurs païens l'entourent; devant lui, l'un d'eux creuse la terre avec une bêche; un autre tient un bâton; de l'autre côté de l'arbre, un troisième tient une serpe. Le saint se retourne vers ce dernier et, au moment où l'arbre coupé va tomber sur lui, il fait le signe de la croix et l'arbre se renverse de l'autre côté.

A droite, il y a deux autres épisodes de la vie du saint. Un temple des idoles est consumé par le feu qu'il y a allumé; des tourbillons de flammes et de fumée sortent par toutes les ouvertures.

---

1. Exerciser, pour exorciser. Saint Martin reçoit ce pouvoir des mains de saint Hilaire. Il avait, en effet, refusé d'être élevé au sous-diaconat et n'avait consenti qu'à être exorciste.

Au-dessous, au milieu d'une forêt, un malfaiteur veut le frapper d'un coup de poignard, mais il recule devant la majesté du saint.

On lit au bas du panneau :

Attache Contre un pin par des paifans Iniques
Ce faict choir a Rebours tuant plufieurs ruftiques.

Troisième rangée. — 1er *panneau.* — La messe de saint Martin.

S'étant dépouillé de sa tunique intérieure pour vêtir un pauvre, il n'avait, sous les ornements sacerdotaux, qu'un misérable vêtement sans manches qui lui laissait les bras nus pour offrir le saint sacrifice. Mais, par un prodige merveilleux, pendant la messe, un ange lui couvrit les bras d'une riche étoffe.

L'autel est sous un riche baldaquin carré à pentes de couleur rougeâtre frangées d'or et à rideaux verts. Le calice est au milieu de l'autel; à droite, le missel et la mitre. Le saint vient de faire la consécration; il fléchit le genou et élève la sainte hostie; un ange, venu du ciel, lui entoure les poignets d'une riche écharpe. Derrière le saint un clerc, tenant une torche, soulève la chasuble.

A droite, un épisode représente saint Martin en moine, accompagné d'un novice, faisant l'aumône à un éclopé qui se soutenait avec une béquille et une jambe de bois.

Il est fâcheux que, dans la restauration exécutée en 1895, on ait placé la messe de saint Martin avant son sacre. Le miracle de la messe eut lieu quand le saint était déjà évêque de Tours.

Au bas de ce panneau nous lisons :

Ses braf Demeurant Nus offrant le facrifice
Sont richement Couvers par Angelique officr.

2e *panneau.* — Consécration de l'évêque de Tours.

Saint Martin est assis au centre du sanctuaire sur un trône à dossier et à dais; il est en chape rouge, les mains gantées, la croix passée dans son bras droit, sa main gauche touchant l'évangile posé sur ses genoux. Quatre évêques, portant les uns la croix, les autres la crosse, le consacrent évêque de Tours. Deux d'entre eux lui posent la mitre sur la tête, les deux autres le bénissent; à droite et à gauche, il y a plusieurs assistants dont la physionomie et la coiffure sont vraiment intéressantes.

On lit au bas du panneau :

Sa fainctete Croiffant de plus en plus Touljours
Il eft Contre fon Gre faict Evefque de Tours.

3ᵉ *panneau.* — Mort de saint Martin. Ce panneau est moderne.

Le saint, en chape rouge et en mitre blanche, les mains jointes, est couché sur son lit, au-dessous d'un ciel décoré de draperies. Un évêque le bénit et plusieurs moines prient devant le corps du saint.

Nous lisons au bas du tableau cette inscription ancienne :

Enfin ayant vefcu quatre vingtes et un ans
Randit fon Ame a Dieu Triemphant de fathan.

Deuxième partie de la fenêtre. — Dans la lancette centrale, une belle verrière du commencement du xvıᵉ siècle provenant de l'ancienne église. Elle représente saint Paul dans une niche à fond bleu de draperie ouvrée, surmontée d'un dais moderne, mais de la même époque comme style. Le saint tient l'épée de la main droite et porte un livre fermé sous le bras gauche.

Les deux autres lancettes, à gauche et à droite, se divisent en deux rangées.

PREMIÈRE LANCETTE, *rangée du bas.* — Présentation de la sainte Vierge au temple. Marie monte l'escalier muni d'une rampe de chaque côté.

En haut du panneau, sous le vestibule du temple, le grand-prêtre s'apprête à la recevoir.

A gauche, saint Joachim et sainte Anne ont les yeux fixés sur Marie; près d'eux, un vieux juif se rend au temple. A droite, deux autres juifs contemplent ce spectacle. A l'une des fenêtres du temple, une jeune fille regarde.

Au bas du panneau, sont représentés le donateur et ses deux fils sous la protection de saint Claude, patron du père. Derrière le saint, un petit enfant mort es' couché sur un coussin bleu.

TROISIÈME LANCETTE, *rangée du bas*. — L'Annonciation de la sainte Vierge. Au-dessous, la donatrice, suivie de sa fille et accompagnée de la Vierge Marie portant l'enfant Jésus.

PREMIÈRE LANCETTE, *rangée du haut*. — La mort de la sainte Vierge. Les douze apôtres sont présents; saint Pierre bénit Marie étendue sur son lit de mort. Il est vêtu d'une aube et porte une étole croisée sur la poitrine. Trois apôtres sont assis contre le lit priant ou lisant les psaumes.

TROISIÈME LANCETTE, *rangée du haut*. — L'Assomption de la sainte Vierge. Marie s'élève dans les cieux, les deux pieds posés sur des têtes de chérubins. Deux anges ailés la soutiennent par ses vêtements. Deux autres lui posent une couronne sur la tête.

Ces quatre petits panneaux proviennent de la chapelle de la Vierge de l'ancienne église.

Au-dessus de ces panneaux, à gauche, est une grisaille dont les figures sont de grandes proportions. Elle représente sainte Anne faisant faire la lecture à la Vierge enfant.

Dans la seconde lancette, une figure colossale de saint Nicolas tenant sa crosse et bénissant les trois enfants dans la cuve; le saint a la tête couverte de la mitre et, sur ses épaules, est une chape d'or d'un grand effet.

A droite, dans la troisième lancette, se trouve une grande figure du Christ ressuscité ayant à la main une grande oriflamme qui lui enveloppe le corps; mais nous devons dire qu'elle est d'un effet désastreux par son ton de couleur noire; une légère et vaporeuse étoffe eût été préférable.

Dans le tympan, deux écussons modernes, portant, à gauche, d'azur (violet) à une croix d'or, FIDES; à droite, de sinople à un cœur de gueules, CARITAS. Au centre, à la pointe de la lancette, un magnifique blason de donateur, d'azur à un chevron d'or, accompagné de trois croix tréflées d'argent (suivant le blason de la fenêtre du midi, le pied devrait être fiché ou de trois pointes), surmonté d'un casque à riches lambrequins posé de face (d'Autruy).

Au-dessous, on lit cette inscription :

CETTE VERRIERE A ETE RESTAUREE
EN L'AN 1895 PAR LES SOINS
DE L'ETAT ET DE LA FABRIQUE

Cette belle restauration a été exécutée avec un grand mérite artistique par M. Bonnot, peintre verrier à Paris.

Fenêtre occidentale. 1re lancette à gauche. Sur fond de tenture rouge. Une sainte Gudule, femme d'un âge avancé (ce qui la distingue de sainte Geneviève, qu'on représente comme elle avec un cierge que le démon éteint et qu'un ange rallume), sainte Gudule, de grande dimension, toute vêtue de bleu, tenant un cierge allumé dans la main droite, de la main gauche un livre ouvert; au-dessus de ce livre, un petit esprit malin s'efforce, un soufflet à la main, d'éteindre le cierge. Un ange qui est à gauche le rallume.

La légende nous apprend que sainte Gudule se rendait à l'église de grand matin, dès que le coq avait chanté; mais le diable, voulant interrompre ce pieux exercice, éteignit la lumière qu'elle portait. La sainte obtint de Dieu que son cierge se rallumât sans que le diable parvînt à l'éteindre.

Au bas de cette verrière, qui date du commencement du XVIIe siècle, nous lisons :

L'an 1602 Jean Claudin.... Claudin et pierre.... ont faict remettre Ceste vriere. priez Dieu Pour les trespassez.

Cette date est très importante; elle nous confirme que les deux transepts étaient terminés à cette époque et que les verrières de cette fenêtre provenaient de l'ancienne église, ayant été remises en place en cette année 1602.

A côté, dans la lancette centrale, un Christ sur la croix, du XVIe siècle, provenant également de l'ancienne église. Au lieu du titre ordinaire de la croix, il y a : Tua cruce (*adoramus*). *Nous adorons votre croix.*

Dans la bordure de cette lancette, à gauche, on lit un fragment de date.. ... cens et xxiii (1523).

Dans la plate-bande ajourée qui surmonte ces deux lancettes, on lit la date 1669, qui indique sans doute une restauration.

Fenêtre orientale. — Cette fenêtre, en forme de portique, est divisée en trois parties. Remarquable verrière de 1634 à 1636, attribuée à Linard Gonthier. Elle représente la Transfiguration de Notre-Seigneur.

Dans le tympan de la fenêtre, à la lancette centrale, on voit Jésus-Christ entouré de nuages, au milieu d'une gloire resplendissante, ses vêtements blancs comme la neige, son visage éclatant comme le soleil.

Dans la lancette de gauche, Moïse tenant sa verge miraculeuse et s'appuyant sur les tables de la loi, sur lesquelles on lit :

<pre>
      ESCOVTE . . . . . .
    ISRAEL JE HONORE
       SVIS LE TON PERE
    SEIGNEVR & TA MERE
      TON DIEV AFIN QVE
    QVI TA TIRE TES JOV
    HORS DE LA RS SOIE
      TERRE DE NT PRO
       EGYPTE LONGES
</pre>

Dans la lancette de droite, le prophète Élie ravi en extase devant le Sauveur transfiguré.

Au sommet du cintre, Dieu le Père, tête nue, entouré d'anges, et dans une auréole de gloire.

Au bas des nuages, sur une banderole, nous lisons ces mots : HIC EST FILIVS MEVS, *celui-ci est mon Fils.* A gauche et à droite, des anges adorateurs.

Dans la partie inférieure du vitrail, au pied de la montagne du Thabor, sont les trois apôtres témoins de la Transfiguration. Au milieu, saint Pierre agenouillé, les mains jointes, la tête levée vers le Christ et disant : DÓM BONVM EST NOS HIC ESSE. SI VIS FACIAMVS TRIA TABERNACVLA, *Seigneur, il nous est bon d'être ici; si vous voulez, faisons trois tentes pour y demeurer.*

A gauche, saint Jean agenouillé et posé de profil, regardant le

Christ, la main gauche sur la poitrine, le bras droit allongé et la main ouverte.

A droite, saint Jacques presque renversé sur ses talons pour mieux voir, le bras droit appuyé à terre et le bras gauche levé vers le ciel.

Peinture d'une grande énergie d'exécution et d'une puissante couleur.

Dans un joli cartouche, au-dessus de saint Jean et de saint Jacques, la date de 1636.

Dans la plate-bande ajourée de la fenêtre, au-dessus du tympan, les monogrammes du Christ et de la Vierge, ainsi que la date de 1635.

Enfin, dans l'inscription de donation, en bas de la fenêtre, la date de 1634, ce qui donne à croire que le peintre verrier a mis deux années pour exécuter cette belle verrière.

Voici l'inscription de donation :

Guillaume Codin Vigneron et Laboureur demeurant en Cette Paroisse
Priez Dieu pour luy et pour les Trespassez · 1634.

TRANSEPT MÉRIDIONAL
CHAPELLE DE LA SAINTE VIERGE

Le retable de l'autel de la sainte Vierge est une décoration en bois d'une remarquable exécution, composée par M. Valtat. Ce sculpteur habile a choisi son modèle sur l'incomparable sculpture en pierre du retable de l'église Saint-André, ainsi que sur les remarquables bas-reliefs de Saint-Pantaléon et du Jubé de Villemaur. En s'inspirant de toutes ces richesses, il nous a donné une idée complète de la grande dextérité de son magique ciseau.

Bien qu'il ne soit qu'une copie, ce beau retable est la plus belle œuvre de sculpture que l'auteur nous ait laissée. La sainte Vierge est dans la niche centrale, portant l'enfant Jésus, qui tient une rose dans sa main gauche et des feuilles de rosier dans sa main droite;

les panneaux qui l'encadrent sont empruntés à Saint-Pantaléon ; le Père éternel, dans le tympan, reproduit celui du retable de Saint-André.

Le carrelage est moderne ; il a été exécuté dans une des tuileries de M. Millard, à Montiéramey, en 1850. Mal préparé et mal cuit, il n'a pu résister au frottement des pieds ; il a en grande partie disparu[1].

En face, sur le mur de refend de la chapelle, un mauvais tableau représente l'Assomption de la sainte Vierge. Quelques-uns l'attribuent au peintre troyen Pierre Cossard. Le Père éternel tient une couronne de roses.

FENÊTRE MÉRIDIONALE DU TRANSEPT

Cette fenêtre, de grande proportion, est divisée et établie comme celle du transept Nord. La verrière qui en occupe toute la partie inférieure représente neuf sujets tirés de l'*Apocalypse*.

PREMIÈRE RANGÉE, 1ᵉʳ *panneau*. — En commençant l'étude de cette verrière par la rangée du bas, nous voyons, dans le 1ᵉʳ panneau, saint Jean vêtu d'une robe rouge, agenouillé devant Dieu, les mains jointes, au moment où il reçoit l'ordre d'écrire aux sept Églises de l'Asie Mineure (*Apocal.*, ch. 1).

Le Fils de Dieu est dans une auréole de gloire, entouré de nuages. Autour de lui sont sept chandeliers d'or. Sa face est lumineuse comme le soleil ; de ses yeux s'échappent des rayons de feu ; de sa bouche sort une épée à double tranchant. Il tient de la main gauche un livre ouvert devant lui ; de sa main droite s'échappent sept étoiles d'or.

Les sept chandeliers représentent les sept Églises de l'Asie Mineure, et les sept étoiles les sept anges préposés par Dieu à la garde de ces églises.

A gauche, en dehors du sujet et derrière saint Jean, est repré-

---

1. Tous les dessins de cette tapisserie de carreaux émaillés sont des reproductions d'anciens carrelages du XVIᵉ siècle. Mais la bordure de cette décoration a été composée par nous, sur la demande de M. Valtat.

sentée sainte Savine, probablement la patronne de la donatrice. Elle tient dans la main gauche un livre ouvert, et un bâton de voyage dans la main droite.

On lit au bas du panneau :

> Il voit sept chandeliers et brillant au milieu
> Un homme revestu dune robe trainante
> Il porte dans sa main sept estoiles de feu
> Et de sa bouche sort une espee tranchante.

2ᵉ panneau. — Aux angles, dans le haut du panneau, deux têtes d'anges soufflant la mort et la destruction. Au milieu, sur les nuages, un ange porte une longue croix, le signe du Dieu vivant, et, la main tendue vers un des anges qui soufflent la mort, il lui dit de retenir ce souffle destructeur jusqu'à ce que tous les élus aient été marqués au front du signe divin. Déjà, à droite, un ange volant dans le ciel, tenant un bouclier à la main gauche, avait l'épée levée pour frapper les hommes ; mais, au-dessous de lui, un autre ange, un calice à la main gauche, marque du Tau ou du signe de la croix la multitude des élus agenouillés devant lui, parmi lesquels on remarque un cordelier, et pendant ce temps deux anges, debout derrière lui, tiennent l'épée abaissée jusqu'à ce que tous les élus soient ainsi marqués (*Apocal.*, ch. vii).

Au bas du panneau, on lit :

> Quatre Anges sapprestant a punir les humains
> Un Cinquiesme survient en criant pasience
> Jusque a ce que les bons les Justes et les Saincts
> Soient marquez en leur front dun signe dalliance.

3ᵉ panneau. — A droite du panneau est la belle prostituée représentant la grande Babylone. Cette femme est vêtue d'une robe violette de couleur éclatante, parée de pierres précieuses et de perles, une couronne d'or sur la tête, tenant de sa main droite élevée une coupe pleine d'abominations et d'impuretés. Elle est assise sur une bête à sept têtes représentant Rome, la ville aux sept collines (*Apocal.*, ch. xvii). Devant la prostituée un roi, debout, drapé dans un long manteau, la tête couverte d'un turban et d'une couronne, s'incline et adore la bête. Près de lui, un magistrat en

robe rouge est agenouillé, les bras étendus; plusieurs autres personnages, debout, rendent à la bête l'hommage de leur adoration.

Mais pendant que la prostituée se complaît ainsi dans son triomphe et qu'elle croit avoir vaincu pour jamais l'Église de Jésus-Christ, voici que tout à coup, dans le ciel, à gauche, entouré de nuages, apparaît un cavalier casqué et cuirassé portant une couronne de la main gauche, monté sur un cheval blanc, avec un manteau couvert de sang.

De sa bouche sort une épée tranchante, et il est suivi d'un autre cavalier, avant-garde de son armée.

C'est le Fils de Dieu qui, par la vertu de son sang, la force de sa parole, et à la tête de ses apôtres et de ses saints, triomphe de la Babylone maudite.

Dans le ciel, un ange tient le couvercle de l'abîme infernal. Un autre annonce la chute de Babylone et, en effet, derrière la prostituée, cette ville infâme est livrée aux flammes (*Apocal.*, ch. XIX) (11).

On lit au bas du panneau :

> Sur la befte pleine dabomination
> Une femme a la coupe aux fornication
> Du ciel un cavalier a la robe fanglante
> Vient ayant en la bouche une efpee tranchante.

DEUXIÈME RANGÉE. — 1ᵉʳ *panneau*. — Quatre anges font périr par l'épée le tiers du genre humain (*Apocal.*, ch. IX). A gauche, l'un d'eux renverse de cheval et frappe à mort un guerrier tout bardé de fer. Un autre immole des gens de toute condition. A droite, un troisième ange frappe un vieillard épouvanté. Le quatrième a renversé et frappé un évêque, un empereur, un pape.

Nous lisons au bas du panneau :

> Quatre Anges defliez ont Cy permiffion
> De Tuer des humains la troifiefme partie
> Par le Soulfre le feu fumee enpuantie
> Que vomiffent chevaux a tefte de Lion.

2ᵉ *panneau*. — Devant un autel, les âmes de ceux qui ont donné leur vie pour la parole de Dieu (*Apocal.*, ch. VI). Ces âmes sont représentées par des cadavres couchés au pied de l'autel. A gauche, une femme morte étendue sur le dos. Près d'elle, un martyr, qu'un ange prend par la main et relève. Au milieu, l'autel entouré d'anges. A droite, plusieurs personnages qui prient et des martyrs que les anges revêtent de la robe blanche de l'immortalité. Ils entrent ainsi dans le bonheur éternel, et ils se tiennent pour toujours devant le trône du Dieu qui les a récompensés de leurs souffrances.

Sur le premier plan, trois personnages s'entretiennent; l'un d'eux, vêtu d'une robe verte et d'un manteau rouge, est l'apôtre saint Jean, qui demande ce que sont ces hommes revêtus de robes blanches, et un des élus lui répond que ce sont ceux qui ont passé par de grandes tribulations et qui ont lavé leurs robes dans le sang de l'Agneau (*Apocal.*, ch. vii).

On lit au bas du panneau :

Ces ames Soubs lautel devant le Trofne affis
Prict que de leur fang foit faict la vangeance
Aufquelles on Refpon ayez la pafience
Jusque au nombre accomply de voes freres occis.

3e panneau. — Les quatre cavaliers de la mort (*Apocal.*, ch. vi). Le premier cavalier, monté sur un cheval blanc, vêtu d'un manteau rouge, la couronne sur la tête, tient un arc bandé prêt à lancer une flèche.

Il va marcher, dit l'*Apocalypse*, de victoire en victoire.

C'est la figure de Jésus-Christ triomphant de tous les ennemis de son Église; il est suivi de trois cavaliers qui représentent les trois grands fléaux : la guerre, la famine et la peste.

Le second cavalier, monté sur un cheval roux, représente la guerre; armé d'une longue épée, il est chargé d'ôter la paix de dessus la terre et d'exciter les hommes à s'entre-tuer.

Le troisième cavalier personnifie la famine; monté sur un cheval noir (violet sombre), il a pour attribut une balance d'or, car en temps de famine le pain se vend au poids de l'or.

Enfin, le quatrième cheval, de couleur pâle, est monté par la

Mort, squelette hideux enveloppé d'un suaire, tenant des faux des deux mains pour exterminer les hommes sur toute la terre et les faire mourir par l'épée, la famine, la peste et par la dent des bêtes sauvages (12).

Ces redoutables cavaliers, sur une seule ligne de front, sont conduits par un ange qui les excite au carnage et à la destruction; sous les pieds de leurs chevaux des cadavres expirants, représentant les grands de la terre et des gens de toutes conditions.

Sous le cheval de la Mort, l'enfer, représenté par la gueule d'un monstre affreux d'où s'échappent des flammes et qui engloutit un empereur et une reine.

On lit au bas du panneau :

    Ce Roy fur Cheval blanc·avec fon arc pourfuit
    Sur un roux ce fecond avec lefpee Avance
    Ce tiers deffus un noir brandit une balance
    Puis la mort fur un pale et l'enfer qui la fuit.

TROISIÈME RANGÉE. — 1er *panneau*. — Dans la partie cintrée de la première lancette, Dieu sur son trône, au milieu d'une gloire céleste, et l'Agneau près de lui, entourés des sept esprits qui sont toujours présents devant Dieu.

Les astres s'obscurcissent, le soleil est livide, la lune sanglante, les étoiles tombent du ciel sur la terre comme des langues de feu, une pluie de flammes et de sang se précipite à flots sur la terre (*Apocal.*, ch. vi). Les hommes, épouvantés, sont au désespoir. Ils sont représentés par un pape, des évêques, un empereur, un roi, une reine, etc.

A gauche, un homme dont les vêtements sont cyniquement retroussés jusqu'à la ceinture, reçoit sur la tête une étoile tombée du ciel; il cherche à se garer sans y réussir, en levant les bras en l'air.

C'est probablement un pécheur que le châtiment divin vient frapper dans l'acte même du péché.

On lit au bas du sujet :

Jcy tremble la terre et le Soleil pluet Noir
Que nest mesme la poix et la lune sanglante
Et les Astres tombans tant Le Monde Espouvente
Que les Grands et petits Tumbent en desespoir.

2ᵉ panneau. — En haut, dans le cintre de la baie du milieu,

12. LES CAVALIERS DE LA MORT.

Dieu le Père, vêtu de violet, tête nue, assis sur un trône de gloire ;
sept lampes ardentes brûlent autour de sa tête. Il tient sur ses
genoux le livre aux sept sceaux que vient d'ouvrir l'agneau divin,
dressé et appuyé sur le sein du Père céleste ; l'agneau a des cornes
de bélier. Plus bas, les attributs des évangélistes, l'ange de saint
Mathieu, l'aigle de saint Jean, le lion de saint Marc et le bœuf de
saint Luc.

Dans les nuages qui entourent la gloire de Dieu sont les vingt-quatre vieillards de l'Apocalypse, les uns portant des couronnes d'or sur la tête et jouant de la harpe, les autres déposant leurs couronnes et en faisant hommage à Dieu. Saint Jean, toujours représenté vêtu de sa robe verte et de son manteau rouge, est agenouillé au bas du panneau avec une expression d'extase et les yeux tournés vers un roi vêtu d'hermine qui est près de lui. Un ange, au milieu du tableau, montre du doigt à saint Jean et aux vieillards le triomphe de Dieu et de l'agneau (*Apocal.*, ch. iv et v).

On lit au bas du panneau :

Un grave en maiefte Sur un trofne elevé
Entre quatre animaux toues deftrange figure
Devant un livre ferme dont et faict ouverture
Par linnocent agneau des anciens apprenné.

3ᵉ *panneau.* — Dans le cercle de la lancette, Dieu vêtu d'une chape rouge et portant la couronne impériale, entouré de nuages et d'une lumière resplendissante, tenant dans sa main droite une faucille, sa main gauche posée sur la traverse d'une croix portée par un ange qui brandit une épée. A gauche et à droite, deux autres anges.

Au bas du panneau, à droite, sortant de la mer, la bête à sept têtes et à dix cornes, avec dix diadèmes sur ses cornes. Cette bête était semblable à un léopard, ses pieds ressemblaient à ceux d'un ours et la gueule de sa tête principale à celle d'un lion. Et l'on vit une de ses têtes comme blessée à mort; mais cette plaie mortelle fut guérie. Elle proférait toutes sortes de blasphèmes contre Dieu et tous les habitants de la terre l'adorèrent (*Apocal.*, ch. xiii). Aussi voyons-nous au bas du panneau un roi, un évêque, un religieux, une femme et toute une foule de gens de toutes conditions qui se prosternent en l'adorant.

A gauche, sur un tertre, une seconde bête s'élève de terre, ayant deux cornes semblables à celles de l'agneau et parlant comme le dragon, et elle séduisit tous les habitants de la terre par les prodiges qu'elle eut le pouvoir de faire en ordonnant aux hommes de la terre de dresser une image à la bête (c'est-à-dire aux empereurs idolâtres).

Au bas du panneau, on lit :

> Icy fort de la Mer un horrible Animal
> Monftre fept foies testu et fourny de dix Cornes
> Qui dennorme blafpheme oubtrepaffant les bornes
> A reçu du dragon pouvoir de faire mal. 1611.

D'après cette date de 1611, cette verrière de la fin du xvie siècle aurait été replacée une année après la construction du transept.

Toute cette partie de la fenêtre a été restaurée en 1880 par MM. Vincent-Larcher et Saint-Ange Vincent, son fils, ainsi que le porte une inscription au trait gravée sur le 3e panneau de la 1re rangée.

Sur la tête des trois lancettes de la partie inférieure de la fenêtre est un bandeau de pierre qui en détermine la première partie. Puis les lancettes une et trois s'élèvent jusqu'à la naissance de l'arc ogival de la fenêtre, et celle du milieu suit sa course depuis sa base jusqu'à la pointe de l'ogive; il en résulte que cette fenêtre, comme celle du nord, occupe toute la hauteur du transept.

Dans la seconde partie de cette fenêtre, au centre, est le patron du donateur, saint Louis, roi de France, portant la couronne d'épines de la main droite et son sceptre de la main gauche, la tête couverte d'une couronne royale et vêtu d'une robe rouge et d'un manteau bleu fleurdelisé avec pèlerine d'hermine. Il porte au cou un superbe collier de l'ordre de saint Michel.

Malheureusement, depuis la Révolution, le haut du visage a été brisé; il a été remplacé par un verre jaune qui rend cette sainte image plus que grotesque.

Dans les lancettes de droite et de gauche sont les armoiries des donateurs, le mari et la femme.

Le premier blason, à gauche, est d'azur au chevron d'or accompagné de trois croix d'argent tréflées au pied fiché, petit détail qui a échappé au peintre verrier dans la restauration de la fenêtre du nord; il est surmonté d'un heaume à lambrequins, taré de face, ayant pour cimier un lion issant; deux lions servent de supports (d'Autruy).

A droite, est le blason de la femme écartelé : au 1 et 4, comme le blason précédent; au 2 et 3, de gueules à une bande d'argent accompagnée de deux cotices d'or (Villeprouvée). Louis d'Autruy avait épousé Anne de Villeprouvée.

Un peu au-dessous du premier blason, dans la baie de gauche, on lit sur deux fragments du panneau : I. BARBARAT. 1654. C'est probablement la date d'une restauration avec le nom de l'ouvrier.

Un joli socle d'ornement sert de base aux trois niches de la partie supérieure de cette fenêtre.

Dans ces niches sont représentées trois figures colossales en grisaille : à gauche, saint Pierre; au milieu, saint Louis; à droite, saint Jean-Baptiste. Saint Pierre tient son livre de la main gauche et ses clefs de la main droite. Saint Louis, entièrement couvert de son armure damasquinée, porte sur ses épaules le manteau fleurdelisé; il tient de la main droite la couronne d'épines et le sceptre de la main gauche. Enfin, à droite, saint Jean-Baptiste tenant la croix à oriflamme et montrant l'agneau de Dieu à ses pieds.

Toutes ces figures et la décoration qui les accompagne ont un caractère de grandeur et d'exécution très remarquable.

Entièrement bouleversé, le tympan de la fenêtre n'offre rien d'intéressant[1]. On croit y reconnaître une donatrice à genoux et, au-dessus, peut-être la sainte Trinité.

FENÊTRE ORIENTALE DU TRANSEPT

Lapidation de saint Étienne.

Dans la lancette centrale de cette fenêtre, saint Étienne, diacre et martyr, vêtu d'une dalmatique rouge, s'affaisse et succombe en

---

1. Nous engageons le Conseil de fabrique à faire pour cette fenêtre ce qu'il a fait pour la verrière du nord, en la débarrassant de tout le fouillis de couleur qui en détruit le mérite et l'effet général.

élevant les bras et les regards au ciel, où il voit le Fils de Dieu debout à la droite de son Père.

Dans les trois lancettes, les bourreaux acharnés lui lancent des pierres d'un poids considérable qui finissent par le terrasser.

Au second plan, dans la baie du milieu, trois pharisiens assistent à cette scène de sauvagerie. Près d'eux est Saul, le futur apôtre, gardant les vêtements des bourreaux. Au fond, on aperçoit le temple.

A gauche, un homme à cheval, un bâton de commandement à la main, préside à cette exécution.

Au-dessous de lui et des bourreaux, au premier plan, est le donateur de cette verrière, agenouillé, les mains jointes, vêtu de noir avec col rabattu et manchettes de dentelle aux poignets.

Dans la baie de droite, le fond du tableau représente les murailles de la ville de Jérusalem, saint Étienne ayant été lapidé en dehors de la ville.

Dans le bandeau en pierre qui sépare du tympan la partie inférieure de la fenêtre on remarque, dans les ajours qui la composent, le chiffre IHS et la date de 1639. Le monogramme M a été déplacé et se trouve au-dessous de la baie de droite.

Dans le tympan de la fenêtre est représentée la sainte Trinité, le Père assis, le Fils debout, conformément à la vision de saint Étienne. A la pointe de l'ogive, le Saint-Esprit dans toute sa gloire.

Sur des nuages, à gauche et à droite, sont des anges adorateurs peints sur fond d'or.

Cette peinture, du milieu du XVIIe siècle, comme celle qui lui fait pendant au transept nord, est exécutée avec une grande habileté de composition qui dénote un véritable talent; mais nous devons le dire hautement, nous n'y voyons rien des qualités spéciales du peintre-verrier. C'est une décoration sans effet et sans harmonie de couleur. L'artiste a exécuté ces peintures comme s'il peignait sur un mur ou sur toile, sans s'occuper des ressources de ce grand art qu'on appelle la peinture sur verre, sans tenir compte de la transparence du verre ni de ces effets merveilleux que produit le chatoiement de la lumière du jour et du soleil.

On regarde et l'on reste froid devant cette œuvre de peinture, genre qui amena si rapidement la décadence de la peinture sur verre.

Dans les écoinçons de l'arc ogival de la fenêtre, à gauche, le  blason du donateur : d'azur, au dextrochère d'or tenant une épée d'argent, accompagnée de deux raisins du même (13) ; à droite, celui de la donatrice porte d'azur au chevron d'argent, avec deux étoiles d'or en chef et une gerbe d'or en pointe (14). Tous deux sont enfermés dans une bordure d'argent.

Cette verrière est attribuée à Linard Gontier, dit l'aîné, né à Troyes vers 1575, mort après 1642[1].

LE CHŒUR

Le chœur de l'église, dans son ensemble, comprend deux travées plein cintre, un peu moins élevées que celles de la nef et reposant de même sur des piliers cylindriques.

Les deux premiers piliers sont décorés de consoles portant la date de 1619, date intéressante au point de vue de la rapidité des travaux de construction de l'église. Sur les consoles et sur celles des deux piliers suivants, se dressent des statues. Au premier pilier de gauche est un saint Pierre, vêtu d'une robe serrée à la taille par une courroie, avec un manteau sur les épaules ; il tient un livre ouvert à la main gauche ; les clefs, qu'il portait à la main droite, sont brisées.

En face, sur le premier pilier de droite, est une sainte couronnée, serrant de la main droite contre sa poitrine un livre fermé

1. Émile Socard, *Biographie des hommes célèbres du département de l'Aube.*

et tenant une palme à la main gauche. Cette statue est curieuse par la manière dont les plis de sa robe sont formés.

Sur les deux piliers suivants, sont, à gauche, la sainte Vierge au Calvaire, la main gauche appuyée contre sa poitrine, le bras droit étendu dans un sentiment de douleur; à droite, saint Jean aussi au Calvaire, les mains entre-croisées, exprimant par son attitude la désolation de son cœur.

Les voûtes, sans être trop chargées, se composent de nervures diagonales, de liernes et de tiercerons. A la rencontre des lignes qui se croisent sont cinq rosaces en pendentifs. A la première travée, ce sont des bouquets de fleurs et de fruits. A la seconde, la clef centrale porte le chiffre IHS, avec les trois clous au-dessous; les clefs des tiercerons renferment, sculptés en haut-relief, les quatre évangélistes écrivant l'Évangile et accompagnés de leurs attributs symboliques.

Le chœur est fermé par onze stalles de chaque côté sur les faces latérales, et par trois stalles des deux côtés de l'entrée du chœur.

Au centre du chœur, sur l'axe des deux piliers des travées, est placé un petit lutrin triangulaire en bois sculpté exécuté avec une grande habileté par Valtat; sur les angles du socle sont de petits dragons ailés qui nous rappellent le lutrin de l'église de Villemaur. Au centre, le pupitre est décoré de fenestrages portant le livre de plain-chant de l'église romaine. Sur la crête du pupitre est sculptée une petite figure de saint Michel terrassant le dragon.

Première fenêtre du chœur, à gauche. — Cette fenêtre se divise en largeur en cinq parties, surmontée d'une plate-bande à la naissance du tympan. Au-dessus de cette plate-bande, les lancettes se prolongent jusqu'à la pointe de l'ogive.

Elle est décorée d'une grande verrière de Linard Gontier, dit l'aîné, exécutée en 1634 et représentant quelques épisodes de la vie de saint Pierre.

Les figures de cette verrière sont de grandes dimensions; on sent que l'artiste, dans de pareilles données, devait se trouver gêné dans la composition de son œuvre à cause de l'étroitesse des lancettes pour un si vaste sujet.

1re ET 2e LANCETTE. — *La Vocation de saint Pierre.*

Dans la première lancette, Jésus, en robe violette et manteau rouge, est sur les bords de la mer de Galilée ; il regarde Pierre et André, son frère, qui sont dans leur barque de pêcheurs, à la seconde lancette. Il leur dit : « VENITE POST ME, *Venez après moi.* » Aussitôt Pierre, dont la main gauche tient encore l'aviron, s'apprête à sortir de sa barque, laissant ses filets qui traînent dans la mer. Il a la main droite sur sa poitrine, comme pour protester de son empressement à obéir, et ses regards sont fixés sur Jésus avec un vif sentiment de foi. Derrière lui, André debout, les mains croisées, regarde Jésus avec admiration ; en perspective est un rocher sur lequel s'élève une maison-forte.

3e LANCETTE. — *Saint Pierre établi chef de l'Église.*

Après sa résurrection, Jésus apparut à ses apôtres sur la mer de Galilée, et, après la scène de la pêche miraculeuse, il demanda par trois fois à saint Pierre : — Pierre, m'aimes-tu ? — Trois fois Pierre répondit : « Seigneur, vous savez que je vous aime », et à cette triple protestation Jésus répondit en lui donnant le pouvoir de paître ses agneaux et ses brebis, c'est-à-dire de gouverner l'Église.

Dans la 3e lancette, Jésus, un manteau violet jeté sur son corps nu, est debout devant Pierre agenouillé. Le bras droit levé par un geste d'autorité, il lui dit : « PASCE OVES MEAS. » A gauche, derrière saint Pierre, un autre apôtre est debout.

4e ET 5e LANCETTE. — *Saint Pierre triomphe de Simon le Magicien.*

Dans la 4e lancette, saint Pierre, vêtu d'une robe bleue et d'un manteau rouge, comme dans les sujets précédents, est debout, l'air majestueux, les yeux levés au ciel, et sa main droite trace en l'air le signe de la croix. Au-dessous de lui, saint Paul est à genoux, les mains croisées sur sa poitrine, un livre ouvert posé par terre auprès de lui, et il regarde la scène qui se passe dans la lancette suivante. A l'angle de droite, l'empereur Néron est assis. Un chien est couché au-dessous de saint Paul.

Dans la 5e lancette, Simon le Magicien, qui s'était élevé dans les airs par la puissance du démon, tombe à la renverse par suite du signe de croix de saint Pierre ; et, pendant qu'il est précipité sur la terre où son corps va se briser, un démon à tête de chien assiste du haut des airs à sa chute. A la partie inférieure, saint Pierre, à genoux, regarde ce terrible châtiment.

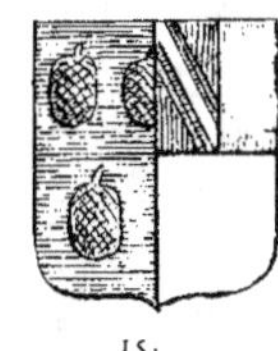

Au bas de ce panneau est un écusson entouré d'une cordelière de veuvage : parti au 1 d'azur à trois mûres d'or (Le Courtois); au 2, écartelé : aux 1 et 4 de gueules à la bande d'argent côtoyée de deux cotices d'or (Villeprouvée); aux 2 et 3, de gueules à trois fasces d'argent vivrées et semées d'hermine (Roche-chouart) (15). Ces armes sont celles de Marguerite de Villeprouvée, femme de Pierre Le Courtois, conseiller au bailliage de Troyes.

La plate-bande ajourée de la fenêtre porte, de chaque côté, les clefs de saint Pierre, le soleil, le chiffre IHS, et au milieu la date de 1634.

Dans la partie ogivale de la fenêtre, on voit, a gauche, saint Pierre en prison, assis à terre, les mains jointes.

La lancette suivante représente les deux soldats qui l'ont conduit de sa prison au lieu du crucifiement. Un troisième soldat, baissé vers la terre, attache à la croix le bras du saint apôtre.

Dans la lancette centrale, saint Pierre est crucifié la tête en bas.

Au-dessus, Jésus-Christ, tenant sa croix, un manteau rouge sur son corps nu, lui apparaît sur les nuages.

La 4e lancette représente Néron, richement vêtu, portant une couronne de laurier d'or, assis sur son trône et donnant l'ordre de crucifier saint Pierre.

A sa droite est assis un juge au type juif ayant la tête couverte. Derrière eux, un soldat.

Enfin, dans la dernière lancette, est un hallebardier, tête nue.

Dans les écoinçons, des anges tiennent des cassolettes d'encens.

Au bas de la fenêtre, on lit cette inscription :

Tu es Petrus et Super hāc Petram ædificabo
Ecclesiam meā et portæ Inferi nō prævalebūt
Adversus eam et tibi dabo claves Regni cœlorum. math. 16.

2ᵉ FENÊTRE, 1ʳᵉ *lancette*. — Le donateur, Jean Gombault, en mantelet noir, à genoux, les mains jointes devant un prie-Dieu, assisté de saint Jean l'évangéliste, son patron, qui tient d'une main une coupe d'or d'où sort un serpent, et qui pose la main droite sur l'épaule de son protégé. Derrière celui-ci, un tout jeune enfant en robe blanche boutonnée jusqu'au bas.

Dans la partie supérieure de ce panneau, Zacharie, père de saint Jean-Baptiste, portant les vêtements de grand prêtre, la mitre, l'aube, la dalmatique à sonnettes et grelots, le rational, offre l'encens devant l'autel. Sur les nuages, un ange lui apparaît et lui annonce qu'il aura un fils.

2ᵉ *lancette*. — Dans le haut du panneau, sainte Élisabeth, en costume de nuit, la tête voilée, est sur son séant, dans son lit à dossier, à baldaquin et à rideaux : une servante lui apporte un potage.

Dans le bas, une servante assise, ayant un grand bassin à ses pieds, tient sur ses genoux le petit saint Jean. Zacharie, assis devant une table, vient d'écrire sur un livre le nom donné par l'ange à son fils : IOANES, et il regarde l'enfant avec un respect religieux.

3ᵉ *lancette*. — Ce panneau se compose d'un seul sujet, le Baptême de Jésus. Le Sauveur est dans l'eau du Jourdain jusqu'aux genoux ; saint Jean lui verse l'eau sur la tête avec une coquille, et, de la main gauche, il tient une croix ornée d'une banderole sur laquelle on lit : ecce agnus Dei. A gauche, un ange tient les vêtements de Jésus. Le Saint-Esprit plane au-dessus des nuages, et, dans le cintre de la lancette, Dieu le Père, tête nue, portant le monde et bénissant.

4ᵉ *lancette*. — Saint Jean prêchant dans le désert. Il est vêtu d'une robe de poil de chameau et d'un manteau rouge. Debout, au milieu des arbres, il est séparé de son auditoire par une branche morte qui sert de barrière.

Dans la foule qui l'écoute, on remarque des gens de tout âge, en particulier un jeune homme à col tuyauté, vêtu de jaune ; un homme du peuple, au costume curieux, la main droite posée sur l'épaule de son petit garçon ; une femme, assise par terre, ayant un

enfant sur ses genoux et tenant à la main gauche le vase avec lequel
elle venait puiser de l'eau dans le Jourdain.

5ᵉ *lancette*. — Au bas, la donatrice Hélène Breyer, accompagnée de ses quatre filles, dont une encore toute petite. Elles sont
agenouillées, les mains jointes. Derrière la mère, sainte Hélène,
vierge de Troyes, sa patronne, tenant un livre ouvert à la main
gauche et une palme de la main droite.

Dans la partie supérieure de ce panneau, saint Jean devant
Hérode et Hérodiade, assis sous un baldaquin; il reproche au roi
l'adultère qu'il a commis en prenant la femme de son frère Philippe.

Au bas des trois lancettes centrales, on lit l'inscription suivante :

**Jehan Gombault marchand drapier et helene Breyer
sa femme ont dōne Cette Verriere priez Dieu p̄ eux.**

Dans les ovales de la plate-bande de cette fenêtre, on lit deux
fois la date de 1630.

TYMPAN DE LA PARTIE OGIVALE DE LA FENÊTRE. — 1ʳᵉ *lancette*.
— A gauche, écusson de Jean Gombault suspendu à une tête de
chérubin; d'azur à la tour couverte d'argent, sou—
tenue par deux lézards d'or et surmontée d'une rose
du même (16).

2ᵉ *lancette*. — Hérode Antipas, vêtu en Romain,
la couronne d'or sur la tête, le sceptre à la main
droite, un écuyer près de lui; il donne l'ordre de
décapiter saint Jean.

16.

3ᵉ *lancette*. — Saint Jean, agenouillé devant la porte de sa prison, les mains jointes, la tête baissée, va recevoir le coup mortel du
bourreau, qui lève sur lui sa longue épée.

4ᵉ *lancette*. — Salomé debout, en robe bleue et manteau de drap
d'or, tient de ses deux mains le bassin qui doit recevoir la tête de
saint Jean. Derrière elle, une servante regarde avec curiosité cette
sanglante exécution (17).

5ᵉ *et dernière lancette*. — L'écusson de la donatrice Hélène
Breyer, suspendu à une tête de chérubin, d'azur au chevron d'or.

accompagné en chef à dextre d'une croix tréflée d'argent, à sénestre d'une étoile d'or et en pointe d'un poignard d'or à lame d'argent, la pointe en l'air (18).

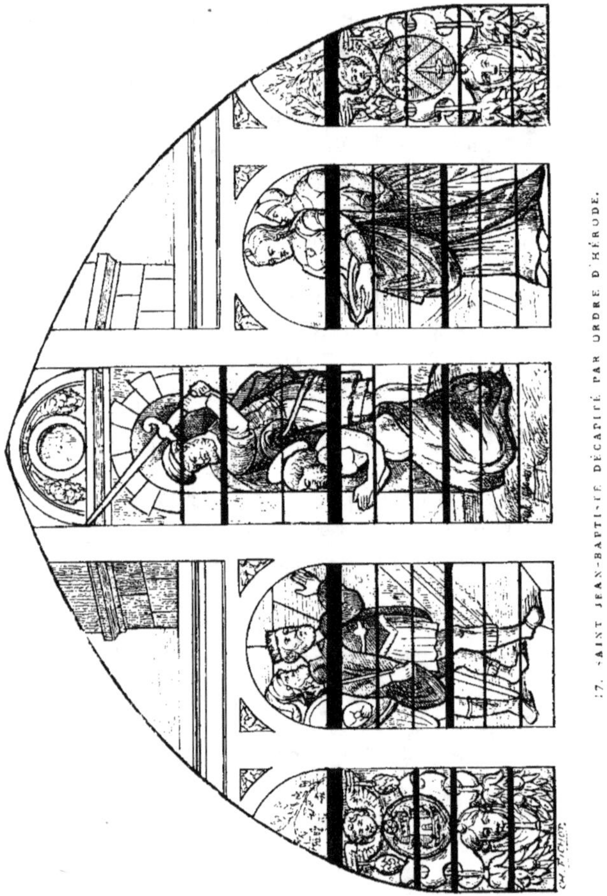

17. SAINT JEAN-BAPTISTE DÉCAPITÉ PAR ORDRE D'HÉRODE.

Première Fenêtre du chœur, à droite. — Cette fenêtre est occupée par une grande grisaille sombre et sans effet représentant l'histoire de la Passion de Jésus-Christ.

Les sujets des quatorze panneaux compris dans la décoration de cette fenêtre sont de dimensions médiocres. Nous allons les décrire en commençant par le bas à gauche.

PREMIÈRE RANGÉE. — 1er *panneau*. — Entrée de Jésus à Jérusalem, suivi de tous ses apôtres. Jésus, monté sur un âne, bénit la foule qui, tenant des palmes dans les mains, l'acclame aux portes de la ville. Un juif est monté sur un arbre pour voir passer le Sauveur.

18.

2e *panneau*. — Jésus, agenouillé, lave les pieds de saint Pierre en présence des apôtres.

3e *panneau*. — Jésus au jardin des Oliviers. — Devant lui, un ange lui apparaît tenant la croix de sa Passion. Les apôtres sont endormis, saint Pierre ayant la main posée sur son épée. A l'entrée du jardin, près de la porte, des soldats conduits par Judas.

4e *panneau*. — Le Baiser de Judas. — Jésus est entouré de soldats armés de lances et portant des torches. Pierre frappe Malchus. Par la porte du jardin, Jean s'enfuit.

5e *panneau*. — Jésus conduit devant Pilate par des soldats qui sont assistés de deux docteurs de la loi.

2e RANGÉE. — 1er *panneau*. — Jésus au prétoire. Il est assis au pied d'une colonne, couronné d'épines, les mains liées et tenant un roseau, signe dérisoire de la royauté. Il est insulté par des valets, qui lui crachent au visage, le soufflettent et lui demandent en se moquant qui l'a frappé. Deux juifs assistent à ce spectacle; un troisième regarde par une fenêtre au fond de la pièce.

2e *panneau*. — Jésus est couronné d'épines. Il est assis, les mains liées, et tient son roseau, pendant que les bourreaux lui enfoncent la couronne sur la tête.

3e *panneau*. — Jésus est flagellé. Attaché à la colonne, un bras au-dessus de sa tête, il est frappé par des bourreaux avec des fouets.

4e *panneau*. — Jésus présenté au peuple par Pilate, devant le palais du gouverneur romain. La foule, au milieu de laquelle on voit des prêtres et docteurs de la loi, demande qu'il soit crucifié.

5e *panneau*. — Jésus succombant sous le poids de sa croix au sortir de la porte de Jérusalem. Il rencontre sainte Véronique sur son passage.

Dans les cercles du bandeau de l'ogive de la fenètre, les instruments de la Passion : le vase de vinaigre, les cordes, les dés, le marteau, les tenailles, la lanterne, avec une massue et une épée croisées.

Dans la lancette centrale du tympan, Jésus en croix. Au pied de la croix, Marie-Madeleine agenouillée et tout en pleurs.

Dans la seconde lancette, à gauche, la mère de Jésus pleurant.

Dans la troisième lancette, à droite, saint Jean le bien-aimé, dans une profonde douleur.

Dans la première lancette, a gauche, le blason du donateur.

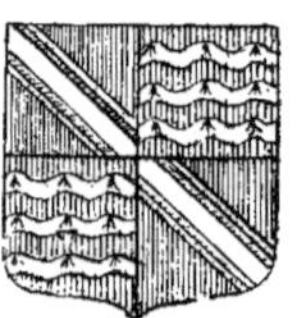

Écartelé : au 1 et 4, de gueules à la bande d'argent, côtoyée d'une double cotice d'or (Villeprouvée); au 2 et 3, de gueules à trois fasces d'argent vivrées et mouchetées d'hermine (Rochechouart). L'écusson a des cerfs pour supports (19).

19.

Dans la cinquième lancette, à droite, le blason de la donatrice, parti : au 1, coupé : 1ᵉʳ quartier de gueules à la bande d'argent, côtoyée d'une double cotice d'or; 2ᵉ quartier de gueules à trois fasces d'argent vivrées et semées d'hermine ; au 2, d'azur à deux épées d'argent en sautoir (Angenoust) (20). Cet écusson est entouré d'une cordelière de veuvage.

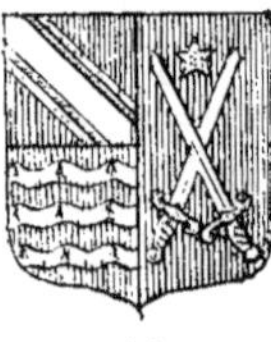

20.   21.

Plus haut, dans un écoinçon à gauche, un blason de gueules à un chevron d'or, accompagné de trois étoiles aussi d'or, deux en chef et une en pointe (Poterat) [1] (21).

Dans l'écoinçon de droite, se retrouve le blason de Villeprouvée-Rochechouart.

Deuxième fenêtre du chœur, à droite. — Cette grande fenêtre a perdu une grande partie de sa décoration.

Il en est de même des donateurs et de leurs blasons. Il ne reste plus que les grandes figures en grisaille qui occupent la première

1. Ce blason n'appartient pas à cette fenêtre.

rangée du vitrail en commençant par le haut des lancettes. Heureusement que l'inscription de donation nous vient en aide pour connaître les saints représentés.

1re *lancette.* — Dans cette lancette est représenté saint Valentin, de Rome, prêtre et martyr. Le saint est représenté debout, couvert de sa dalmatique, la tête baissée, regardant un livre ouvert qu'il tient de la main droite. De l'autre main il tient une longue et large épée élevée la pointe en l'air, attribut de son martyre. Saint Valentin rendit la vue à la fille du juge Astérius, âgée de douze ans. L'empereur Claude le fit décapiter pour étouffer le bruit de ce miracle[1].

En tête de la lancette, on lit : s. VALETI.

2e *lancette.* — Saint Nicolas bénissant les enfants dans la cuve. Riche vêtement sacerdotal ; il tient sa crosse de la main gauche.

3e *lancette.* — Saint Jean-Baptiste, vêtu de poil de chameau et d'un manteau grisâtre, tenant de la main gauche une grande croix à banderole rouge timbrée d'une croix blanche. Près de lui, à ses pieds, son agneau nimbé. Dans l'ogive de la lancette, on lit : IEHA.

Au-dessous de cette figure est l'inscription suivante :

Ceſte Verriere
Fut donnée du bien
de Feu Valentin
blondel et Anne
Coſſart ſa fame par
les Heritiers 1674.

4e *lancette.* — Saint Simon, apôtre, le bras levé à la hauteur de l'épaule, tenant une grande scie, instrument de son martyre. lisant dans un livre qu'il tient de la main gauche (22).

5e *lancette.* — Saint François d'Assise (23), agenouillé au milieu des roches, en extase devant le séraphin couleur de sang qui lui apparaît sur la croix, au milieu d'une gloire lumineuse. et qui lance des rayons pour produire les stigmates sur le corps du saint.

1. R. P. Cahier, *Caractéristiques des saints.*

Près de saint François est un de ses religieux assis, tenant un livre et lisant.

Dans le tympan de la fenêtre, la 1re et la 5e lancette sont de verre blanc. La lancette centrale représente saint Martin à la porte

22. SAINT SIMON.

23. SAINT FRANÇOIS D'ASSISE.

d'Amiens, monté sur son cheval de bataille, coupant la moitié de son manteau pour la donner à un malheureux estropié à moitié nu.

2e lancette, à gauche. — Sainte Anne assise et, devant elle, la jeune Vierge Marie, la tête inclinée et suivant des yeux la lecture du livre qu'elle tient dans sa main droite.

4e lancette, à droite. — Sainte Jule, tenant de la main droite une

épée abaissée et une palme; de la main gauche elle tient un livre ouvert, sur lequel elle lit un passage des Saintes Écritures.

Dans les écoinçons, tout a été enlevé et remplacé par du verre blanc.

Dans la frise du bandeau de la fenêtre, on remarque la date de 1626 et les monogrammes I H S et M.

BAS COTÉ DU CHŒUR (COTÉ NORD)

CHAPELLE DITE DE SAINTE JULE

Autel en bois, sculpté par Valtat, avec retable sans caractère et sans intérêt. Sur une console est représentée sainte Jule, la palme de son martyre à la main et tenant un livre de la main gauche.

En face de l'autel, un tableau représente le Christ en croix. D'après une inscription placée sur le cadre, ce tableau serait de Van Dyck.

La verrière de cette chapelle se divise en trois jours. Elle est consacrée à la vie de sainte Jule, née à Troyes, vierge et martyre au IIIe siècle.

D'après la légende, un chef de barbares, nommé Claude, envahit la Gaule qui était alors sous la domination des Romains; il saccagea la ville de Troyes et ses environs, y fit plusieurs captifs et, dans le nombre, une jeune fille nommée Jule, qui était d'une remarquable beauté.

Avec la verrière de cette chapelle, nous allons suivre pas à pas toutes les péripéties qui conduisirent cette jeune vierge aux plus affreuses tortures et à une mort des plus cruelles.

Rangée du bas. — PREMIER PANNEAU. — *Sainte Jule est emmenée captive.*

Claude, vêtu d'une robe en drap d'or et d'un manteau violet, le sceptre à la main et la couronne en tête, quitte la ville de Troyes, monté sur son cheval de bataille et à la tête de sa nombreuse armée. Derrière lui marche sainte Jule, les mains jointes et les yeux baissés; Claude se retourne pour la contempler.

Au bas du panneau on lit :

> **Saincte Jule De Troyes Native Des**
> **Barbares est emmenée Captifve** [fut Faite 1606]

DEUXIÈME PANNEAU. — *Sainte Jule refuse d'épouser Claude.*
Ce panneau se divise en deux parties distinctes.

Dans la première partie on voit, à gauche, une tour crénelée où se trouve renfermée sainte Jule.

Celle-ci étant près de la fenêtre, Claude s'approche, le sceptre à la main droite et la couronne sur la tête, et lui présente un anneau de fiançailles qu'il tient de la main gauche; Jule refuse avec humilité en joignant les mains sur la poitrine (24).

Dans la deuxième partie du panneau, sainte Jule est en liberté; dans une promenade elle rencontre l'Empereur qui s'empresse de venir au-devant d'elle, en lui renouvelant ses desseins de l'épouser. Elle lui refuse cette nouvelle proposition avec autant de courage que de douceur, en lui déclarant qu'elle était chrétienne et qu'elle avait choisi pour époux Jésus-Christ, son Seigneur et son Dieu.

Cette réponse, pleine d'indépendance et de grandeur, pénétra Claude d'un certain respect et d'une certaine admiration. Il fit préparer, dans les dépendances de son palais, un petit oratoire où la sainte pourrait vaquer librement à ses pratiques religieuses.

Au bas du panneau, inscription pleine de transpositions maladroites: nous la rétablissons dans son intégrité :

> **Claude Lempereur La demande A Efpoufe**
> **Elle Luy repond que a Jefus eft Efpoufe.**

TROISIÈME PANNEAU. — *Sainte Jule dans son oratoire.*
Dans une petite chapelle que Claude venait de lui faire construire, il la trouva dès l'aurore en prière devant le crucifix. Témoin de tant de piété, il eut pour elle des attentions délicates, en lui confiant deux jeunes filles de haute naissance pour la distraire et lui rendre les services dont elle aurait besoin.

Bientôt le palais du prince infidèle fut le temple sacré de la prière, où l'harmonie des cantiques s'élevait jusqu'au ciel.

Nous lisons au bas du panneau l'inscription suivante :

Lempereur Converti Feit Faire uŋ Oratoire
Ou la Saincte faifoit Priere Meritoire.

Rangée du haut. — PREMIER PANNEAU. — *Sainte Jule prie pour obtenir à Claude la victoire sur ses ennemis.*

Claude, sur son cheval blanc, partant pour la guerre en tête de sa

24.

valeureuse et brillante armée. Sainte Jule, agenouillée au pied de l'autel de son oratoire, priant pour les succès de l'Empereur. Elle se retourne sur son passage pour lui donner du courage et lui promettre l'assistance de Dieu.

Près de l'autel un petit baldaquin avec rideaux, sorte de refuge pour la prière et la pénitence.

Au bas on lit cette inscription :

En Coratoire priant pour Cempereur
Il Retournoit De la guerre vainqueur.

DEUXIEME PANNEAU. — *Dieu ordonne à la sainte de revenir à Troyes.*

Claude était revenu de la guerre couvert des lauriers de la victoire. Dès lors, sa vénération pour sainte Jule s'accrut de jour en jour.

Vingt-huit ans se passèrent ainsi, dit la légende; enfin Dieu lui apparut dans son oratoire où elle était en prière : « Lève-toi, lui dit-il, et retourne en la ville de Troyes d'où tu as été emmenée en captivité. C'est là qu'à la couronne de la virginité tu joindras la palme du martyre. »

Après cette céleste vision, Jule va trouver le prince et lui communique les desseins de Dieu. « Mais, lui dit Claude, si vous partez, que deviendrai-je? mes ennemis fondront sur moi et me mettront à mort; non! j'aime mieux tout abandonner et partir avec vous. » « Laissez donc vos biens et venez avec moi », lui répliqua Jule. Aussitôt Claude abandonna son palais, son or et ses nombreuses possessions, et se mit en route avec la servante de Dieu.

Dans le panneau de cette lancette, sainte Jule est en prière dans son oratoire : Dieu lui apparaît, la tête couverte de la tiare; un rayon venu du ciel descend sur elle.

Dans le fond du tableau, on la voit cheminant sur la grande route, le bourdon à la main. Derrière elle, Claude, en costume de pèlerin, la suit pas à pas, un bourdon à la main et la tête baissée; au lieu de sa couronne, il porte une coiffure des plus simples.

On lit au bas du panneau :

Par Une Vision A Troyes Sen retourne
Ou Claude La Suivit Negligent sa couronne.

Plus bas, sur une seule ligne, on lit cette inscription qui a été

ajoutée depuis la cuisson du verre; aujourd'hui, elle est à moitié
effacée par l'usure du temps :

Celte verriere a efte faicte des deniers de la cofrairie de
Saincte Jule du temps de george mechin et martin bouyau.

TROISIÈME PANNEAU. — *Supplice infligé à sainte Jule*.

Arrivée à Troyes, où la persécution d'Aurélien sévissait avec
violence, sainte Jule ne resta pas inactive.

Elle consolait les prisonniers et adoucissait les peines des fidèles emprisonnés pour la foi. Le sujet est représenté d'une manière épisodique à gauche du panneau : sainte Jule, une aiguière à la main, va visiter les chrétiens, que l'on voit dans leur prison par les barreaux de la petite fenêtre ; derrière elle, un soldat arrive et l'arrête.

Conduite par ce soldat en présence de l'Empereur, que l'on voit au second plan, le sceptre à la main et entouré de nombreux juges et soldats, sainte Jule est à genoux, les mains jointes, et déclare avec assurance qu'elle est chrétienne.

« Allez, dit l'Empereur à ses soldats, étendez-la toute nue sur un chevalet au-dessus de charbons ardents. »

Ce supplice, dont nous donnons ici la gravure, occupe le bas du troisième panneau. Sainte Jule est couchée nue, les bras et les jambes attachés par des cordes au chevalet ; aux deux extrémités sont deux vis à manivelle que deux satellites font mouvoir, de manière que le corps se présente sur une ligne horizontale bien tendue et bien raide (25). C'est alors que les soldats lui mirent les charbons ardents sous le corps. Mais à peine fut-elle sur le gril que ses deux bourreaux furent frappés de cécité.

D'autres vinrent pour l'assommer à coups de nerfs de bœuf, mais tous leurs efforts furent inutiles.

On lit au bas du panneau :

Exerçant Charité En tormente on la mise
Pour Luy Faire quiter Son Dieu et son Eglise.

Le tympan de cette fenêtre se compose de deux lobes de forme oblongue et d'un cercle à la pointe de l'ogive. Ils sont accompagnés de quatre écoinçons de différentes grandeurs.

Dans les lobes de gauche et de droite, des anges, montrant le Père éternel, qui est dans le cercle au-dessus de la baie centrale, portant le monde et bénissant.

Mais ce sujet n'appartient pas au vitrail de sainte Jule. Il doit être remplacé par le sujet qui est au sommet de la fenêtre de la chapelle suivante, et qui représente le martyre de sainte Jule et de saint Claude.

Dans le cercle qui termine cette fenêtre on distingue encore, sans trop de difficulté, au milieu de fragments rapportés, l'empereur Aurélien, couronne en tête et sceptre en main, assis sur un trône au-dessous d'un riche baldaquin. A gauche, saint Claude est à genoux et un bourreau lève l'épée pour le frapper.

A droite, sainte Jule à genoux, la tête sur un billot; près d'elle, le bourreau qui va la décapiter.

Dans les écoinçons, une inscription, que les transpositions ont rendue à peu près indéchiffrable. peut cependant être reconstituée ainsi :

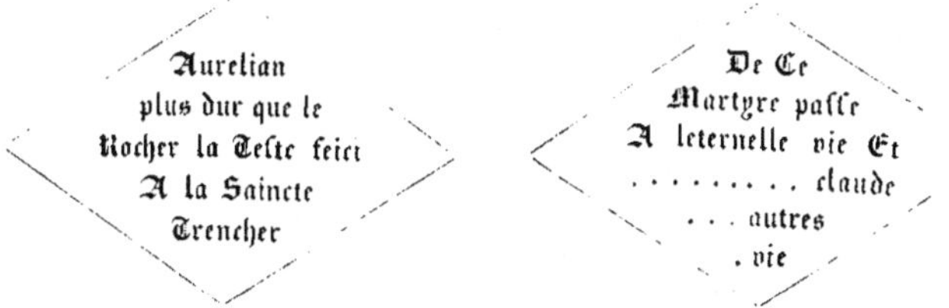

Deuxième fenêtre. — *Chapelle Saint-Nicolas.* — Le retable. peu intéressant, appartient au style Louis XV.

Dans la niche centrale une statue de saint Nicolas, dont la figure ne manque pas de mansuétude. Sur les orfrois de sa chape. on reconnaît à gauche saint Philippe avec sa croix et saint Pierre avec sa clef; à droite, saint Jean tenant le calice d'où sort un serpent.

En face de l'autel est une statue de saint Éloi. en pierre polychromée, tête nue. un livre à la main droite, une crosse à la main gauche; médiocre.

La fenêtre conserve les mêmes dispositions que la fenêtre précédente; elle renferme une verrière des plus intéressantes par son style et sa composition allégorique. Les sujets représentent les cinq derniers articles du Symbole.

Première baie, a gauche. — *Panneau du haut.* — *Le Saint-Esprit.*

Ce panneau représente la descente du Saint-Esprit sur la

sainte Vierge et les douze Apôtres au Cénacle, le jour de la Pentecôte.

Au centre de la salle, la sainte Vierge est assise, la tête baissée, la main droite sur sa poitrine, la main gauche étendue. Il y a treize Apôtres. huit à gauche, cinq à droite; l'un de ces derniers lit dans un livre où est écrit : **Credo In fpiritū fanctum.** Au-dessus des Apôtres, l'Esprit-Saint au milieu d'une gloire de feu et de rayons flamboyants. Les Apôtres lèvent les bras vers le ciel, et l'on voit une langue de feu sur la tête de chacun d'eux.

Au bas du panneau on lit :

IOEL. 2. **Credo In fpiritum fanctum.** S' JEHAN. 15. ACT. 2.

PREMIÈRE BAIE. A GAUCHE. — *Panneau du bas.* — *L'Église et la Communion des Saints.*

A gauche et à droite. sont groupés les Apôtres, fondateurs et chefs de l'Église. Debout. à droite, saint Pierre donne l'ordre à un serviteur, qui est devant lui. de puiser dans des sacs et dans une malle remplie de pièces d'or et d'argent. pour en faire la distribution entre tous les fidèles. Ce sont les trésors de l'Église. qui sont communs à tous les chrétiens. Près de saint Pierre. saint Jean, debout, tient à la main plusieurs bourses qu'il va distribuer. A gauche. derrière le serviteur qui puise dans les trésors de l'Église. est couché sur la terre un pauvre paralytique, des béquilles à la main. attendant qu'on lui fasse la charité.

Dans le fond, une petite grisaille représente la table commune où tous les chrétiens peuvent prendre place. A gauche, on donne à boire à un vieillard; à droite, on nourrit les pauvres.

On lit au bas du panneau :

Sanctam ecclefiam catholicam fanctorum
EZECH. 37. ACTES. 4. **Cōmunionem.** ACTES. 2.

DEUXIÈME BAIE. AU MILIEU. — *Panneau du haut.* — *La Rémission des péchés.*

Saint Pierre, debout sur les marches du palais du centurion

Corneille à Césarée, prêche la rémission des péchés, au milieu d'une nombreuse assemblée de Juifs et de Gentils. Sur le premier plan, à droite, deux femmes assises à terre, tenant chacune son enfant. Près de saint Pierre, à gauche, une jeune dame debout, les yeux baissés, accompagnée d'une suivante.

En avant de l'assemblée, deux hommes debout s'entretiennent entre eux des discours qu'ils entendent. Assises sur la marche où saint Pierre est debout, deux jeunes femmes écoutent avec attention.

Dans le fond du tableau, devant la piscine probatique, Jésus, suivi de deux Juifs, remet les péchés à un homme prosterné devant lui ; un homme, à genoux, lui présente un tout petit enfant ; une femme, debout, tient aussi son enfant dans ses bras, et deux autres femmes sont derrière elle.

Dans le haut, un rayon lumineux descend du ciel.

Au bas du panneau, on lit :

ESA. 53. **Remissionem peccatorum.** ACT. 10. PETRI. 1.

DEUXIEME BAIE, AU MILIEU. — *Panneau du bas.* — *La Résurrection de la chair.*

Au centre du panneau, le prophète Ezéchiel, debout au milieu d'une vaste plaine, les vêtements agités par la tempête, le bras levé vers le ciel, écoute la parole de Dieu, qui lui apparaît au-dessus des nuages, au milieu d'une auréole lumineuse, lui donnant l'ordre d'annoncer la résurrection de la chair. Le prophète obéit, et quatre têtes de chérubins, placées aux quatre angles du panneau, soufflent l'esprit de vie sur la plaine desséchée, couverte d'ossements arides. Aussitôt la terre s'ouvre, les morts se soulèvent, les ossements se rapprochent, les membres se reforment, les squelettes se redressent, ils se recouvrent de chair et tendent leurs bras vers le ciel. Sur tous les points de la plaine, il y en a de véritables bataillons (26).

On lit au bas du panneau :

ESA. 26. **Carnis Resurrectionem.** EZECH. 37. IOH. 5.

TROISIEME BAIE, A DROITE. — *Panneau du haut.* — *La Vie éternelle ou la Jérusalem céleste.*

Dans le haut du panneau, Dieu le Père dans la gloire, entouré de nuages, la tiare sur la tête, le globe à la main gauche, bénissant de la main droite.

Au-dessous de lui, l'Esprit-Saint, aussi dans la gloire.

26. ÉZÉCHIEL DEVANT LE PÈRE ÉTERNEL.

Plus bas, et occupant le milieu du panneau, la Cité sainte ou la Jérusalem nouvelle, descendant du ciel, également entourée des rayons éblouissants de la gloire éternelle. Comme l'a décrite saint Jean dans l'*Apocalypse*, elle forme un carré parfait ; elle est entourée d'une haute muraille crénelée, avec douze portes, trois de chaque côté, gardées par des anges debout, les ailes étendues. Elle est partagée en quatre compartiments, en forme de croix, par des avenues bordées d'arbres et semées de gazon ; chaque compartiment est rempli de maisons, de palais et d'églises. Au centre, sur un tertre élevé, se tient l'Agneau de Dieu, nimbé et portant sa croix.

Une foule immense, à l'angle des quatre compartiments, le salue d'acclamations enthousiastes.

A droite de la Cité sainte, saint Jean est assis sur une haute montagne; un ange, tenant à la main gauche un bâton de voyage, lui montre la Jérusalem céleste et, sous sa dictée, l'apôtre en fait la description dans son *Apocalypse*.

Dans la partie inférieure du panneau, le Bon Pasteur, vêtu d'une robe violette, est au milieu de son troupeau. Il porte une brebis sur ses épaules et, dirigeant ses pas vers la cité céleste, il lève les yeux vers elle pour en contempler la gloire.

Il représente ainsi l'Église de la terre qui, sous sa conduite, se dirige vers le bonheur éternel du ciel.

Au bas du panneau, nous lisons :

ESA. 60. **Et vitam æternam · Amen.** APOCAL. 21. CORINTH. 2.

TROISIÈME BAIE, A DROITE. — *Panneau du bas.* — Dans ce dernier panneau est le blason de la famille Le Tartier, une des plus anciennes de Troyes; de gueules à un besant d'or; au chef d'or chargé d'une porte fortifiée de gueules et de deux molettes de sable (27).

Ce blason est surmonté d'un heaume de profil à lambrequins.

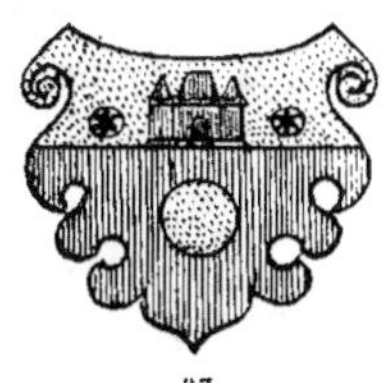

27.

Au-dessous, la date de 1606.

Comme nous l'avons déjà dit à la chapelle précédente, le sujet qui est au milieu du tympan de cette fenêtre se rapporte à la légende de sainte Jule et de saint Claude, dont il représente la décapitation. De même de l'inscription qui est dans les écoinçons.

Dans le lobe de gauche est un ange qui tend les bras vers la terre pour appeler les élus. Dans le lobe de droite, un groupe d'élus se prosternent, les mains jointes, pour adorer le Père éternel, qui devrait être au sommet de la verrière.

BAS COTÉ DU CHŒUR (COTÉ SUD)

Première chapelle. — Cette première chapelle est consacrée à sainte Anne.

Le retable en bois n'a rien d'intéressant. Sur une console est placée une statue de sainte Anne donnant une leçon de lecture à la Vierge Marie.

Sur le mur de refend, en face de l'autel, un tableau où sainte Anne fait lire à la jeune Vierge une pancarte où sont écrits ces mots :

INIMICITIAS PONAM
INTER TE ET MULIEREM
ET SEMEN TUUM ET
SEMEN ILLIUS.

GEN-CH 3. V. 15.

La verrière de cette chapelle a été faite, en 1623, par Linard Gontier, dit l'aîné. Cette splendide verrière, remarquable par la pureté et l'éclat de ses verres coloriés et par la richesse des émaux employés dans son exécution, est aujourd'hui une œuvre unique et inestimable.

PREMIER PANNEAU. — *Rangée du bas.* — Naissance de sainte Anne.

A gauche, sous un baldaquin superbe, avec tenture et rideaux rendus par de riches émaux sur verre, est un lit à haut dossier, où la mère de sainte Anne est sur son séant, le dos soutenu par une couette à la molle épaisseur. A la tête du lit, sur un fauteuil à bras sculptés, est assis son vieux mari, vêtu d'une houppelande à cordelière, coiffé d'un chapeau à larges bords ; il fait ses recommandations à une servante qui, de l'autre côté du lit, apporte à l'accouchée une pleine assiette de potage où trempe la cuiller, et lui tâte le pouls avant de la servir.

Au pied du lit, sur une petite table, est un petit pain avec un verre à pied, plein de vin, d'une étonnante vérité. Dans le bas, une

TROYES — ÉGLISE DE St MARTIN-ES-VIGNES.

LE MARIAGE DE SAINT JOACHIM ET DE SAINTE ANNE

matrone à demi assise sur un escabeau sculpté, et une jeune servante lavant au-dessus d'un bassin l'enfant nouveau-né, dont la tête est entourée d'un nimbe qui porte son nom : ANNA.

A droite, devant la haute cheminée, une jeune servante portant un broc à la main droite et un berceau sous le bras gauche.

Au bas du panneau, on lit :

**Le Ciel benin Verſant ſa benigne Influence
De ſaincte Anne beniſt la Divine Naiſſance.**

DEUXIÈME PANNEAU. — Mariage de saint Joachim et de sainte Anne.

La scène se passe dans le temple, sous un portique, dont deux colonnes soutiennent de chaque côté l'entablement. Au milieu, l'autel entouré de courtines et couvert d'une nappe, avec deux cierges allumés. Le retable est formé par les tables de la loi, au-dessus desquelles est représenté en grisaille, dans un cintre, le sacrifice d'Isaac.

Devant l'autel, le grand prêtre, portant la mitre et le rational, vêtu, par-dessous sa chappe, d'une tunique verte à clochettes et grelots, prend la main de sainte Anne pour l'unir à saint Joachim, et de la main droite il bénit le mariage.

Sainte Anne est à droite, très richement vêtue d'un magnifique corsage et d'un manteau bleu qu'elle relève de la main gauche, laissant voir sa jupe de dessous à superbes ramages émaillés d'un rouge rosé. Elle porte au cou un collier de perles avec médaillon; ses cheveux sont habilement arrangés, et elle a un joyau précieux sur le front. Elle a de jolies chaussures violettes brodées d'or: trois suivantes sont derrière elle.

Saint Joachim est à gauche, enveloppé d'un manteau rouge; il porte des brodequins lacés. Trois de ses amis l'accompagnent: l'un d'eux a une tête des plus expressives.

On lit au bas de ce panneau :

**Saincte Anne en age fuſt par le Vouloir divin
Conjoincte en Mariage au ſainct homme Joachin.**

Au-dessous, on lit en lettres d'or sur fond noir :

ODARD · MAROT · & · MARTINE · CHOISELA · SA · FEMME ·
ON · DONNE · CESTE · VERRIERE ·

Nombreuse famille, dont un descendant habite en face l'église.

TROISIÈME PANNEAU. — Saint Joachim et sainte Anne repoussés du temple.

A gauche, sous un baldaquin à courtines rougeâtres, sont les tables de la loi. Au milieu, une lampe, surmontée d'une couronne de lumière à neuf lampes allumées. L'autel est couvert d'une nappe émaillée de bleu à dessins d'or, sur laquelle sont posés deux pains ronds.

Le grand prêtre, en costume sacerdotal, accompagné d'un assistant qui tient un livre ouvert, étend les mains par-dessus l'autel pour recevoir l'agneau que lui présente saint Joachim. Derrière son époux, vient sainte Anne, déjà vieille, accompagnée d'une femme à coiffure en turban, près de laquelle se tient un jeune berger portant un agneau sur ses épaules.

A gauche du panneau, un homme déjà vieux apporte sous son bras un agneau que cherche à caresser un petit enfant vêtu de vert, debout devant l'autel, portant une colombe sous son bras droit.

Tout à fait à gauche, derrière le grand prêtre, sont plusieurs Juifs : l'un portant un burnous, un autre tenant deux pains ronds et regardant saint Joachim avec une indignation méprisante.

Au bas de ce panneau, on lit :

Saincte Anne et Sainct Joachin, pour leurs sterilitez
Furent selon la loy hors du temple Iettez.

PREMIER PANNEAU. — *Rangée du haut.* — Apparition d'un ange à saint Joachim.

La scène se passe à la campagne, où saint Joachim et ses bergers gardent leurs troupeaux. Dans le haut, un ange, entouré d'une gloire, apparaît à saint Joachim, qui est à genoux, les mains jointes, la tête levée vers le ciel, son chapeau et sa houlette par terre ; à côté de lui,

TROYES _ ÉGLISE DE St MARTIN-ES-VIGNES.

CH. FICHOT del et pin   SPIEGEL chromo.lith

SAINT JOACHIM ET SAINTE ANNE REPOUSSÉS DU TEMPLE

Paris Imp R Engelmann

son chien est assis et semble attentif. A gauche, un berger, un long
coutelas et sa cornemuse à la ceinture. lève avec stupéfaction les bras
vers le ciel; un autre, assis sous les arbres, tient paisiblement son
flageolet. A droite, derrière saint Joachim. un berger assis regarde
l'ange et ôte son chapeau. De tous côtés, les moutons paissent ou
se reposent.

A droite, dans le haut, une petite grisaille représente, sous un
hangar en chaume que supportent des troncs d'arbres, sainte Anne
assise, la tête nimbée, la houlette à la main, se retournant pour
regarder l'ange. Près d'elle, son chien aboie en gardant ses moutons.

On lit cette légende au bas du panneau :

L'ange affeure Joachin qu'Anne fa femme chere
De fterile feroit de la Vierge la mere.

Deuxième panneau. — Rencontre sous la porte Dorée.
Belle porte monumentale ouvragée, avec une herse. Saint Joachim
et sainte Anne s'embrassent. Joachim est accompagné d'un ami vêtu
d'un manteau jaune et coiffé d'un turban rayé. Sainte Anne est suivie
d'une jolie servante, portant un trousseau de clefs suspendu à sa ceinture par une chaîne et un anneau.

On lit au bas :

Saincte Anne et Sainct Joachin qui eftoient feparez
A la porte Dorée ilz fe font Rencontrez.

Au-dessus de ce panneau, dans un petit ecoinçon
triangulaire, se trouve. entouré de rayons, le monogramme
de sainte Anne.

Troisième panneau. — Présentation de la sainte Vierge au
temple.
Devant la porte du temple, au sommet de l'escalier monumental
à rampe d'or, se tient le grand prêtre, revêtu de ses ornements sacerdotaux, assisté d'un Juif à burnous et d'un autre personnage qui a
la tête nue et la barbe courte. Il tend les bras pour accueillir la

jeune Vierge Marie, qui, les mains jointes, ses longs cheveux tombant sur ses épaules, monte les premières marches.

A gauche, la vieille sainte Anne, accompagnée d'une suivante; à droite, saint Joachim suivi d'un serviteur, regardent avec admiration.

Aux fenêtres qui encadrent la porte du temple sont des jeunes

23. APPARITION DE L'ANGE GABRIEL A SAINTE ANNE.

filles qui regardent la sainte Vierge; celles de droite se communiquent leurs réflexions. Sur la première marche de l'escalier se lit la date de 1623.

Au bas du panneau :

La Vierge estant a Dieu par ses Parents vouée
Au sainct Temple elle Fut receue et avouee.

Lobes du tympan. — Dans le lobe de gauche, sainte Anne est tristement assise dans son jardin, accoudée sur le bras d'un siège rustique, pensant à sa stérilité. Près d'elle, à terre, est un petit baril.

Un rayon du ciel descend sur elle, et un ange lui apparaît, tenant à la main la palme verte de l'espérance et lui prenant la main pour lui annoncer qu'elle sera bientôt mère (28).

La sainte tourne la tête vers le lobe de droite et elle y aperçoit,

29. MARIE ET JÉSUS APPARAISSENT A SAINTE ANNE
DANS UNE VISION PROPHÉTIQUE.

dans une vision prophétique, la sainte Vierge et le Sauveur, sa fille et son petit-fils, venant à elle ; Marie étend la main vers sa mère. Jésus la bénit. Derrière le Sauveur, les deux autres filles de sainte Anne, Marie Salomé, femme de Zébédée, et Marie Cléophée, femme d'Alphée. Auprès d'elles s'avance un des fils de Marie Salomé, petit-fils par conséquent de sainte Anne, l'apôtre saint Jean, le bien-aimé disciple du Sauveur ; il porte le livre de son Évangile, que Jésus montre du geste de la main gauche (29).

Dans le cercle du haut qui termine la fenêtre, le Père éternel, au-dessus des nuages, la couronne antique sur la tête, la main droite étendue, la main gauche posée sur le globe du monde. Dans les écoinçons, des anges, les mains croisées sur la poitrine.

Deuxième chapelle. — Le retable de l'autel du Sacré-Cœur est une œuvre toute moderne, portant la date de 1886, exécutée par M. V. Ragot, sculpteur à Chaumont. D'un style peu correct et très difficile à décrire aussi bien dans son ensemble que dans sa décoration.

Sur le tabernacle de l'autel est une statue du Sacré-Cœur.

La verrière de cette chapelle est de Vincent-Larcher ; elle porte la date de 1859. Peinture d'un caractère archaïque et d'une expression pénétrante poussée à l'excès ; cependant, nous devons reconnaître que l'auteur est arrivé à des effets de translucidité de certaines couleurs et à des résultats peu ordinaires dus à la fertilité de son imagination.

Cette verrière ferait beaucoup mieux dans une chapelle isolée. Ici, elle forme une véritable tache noire au milieu des claires verrières qui l'entourent de tous côtés.

Première lancette. — *Panneau du bas.* — Jésus en prière au jardin des Oliviers, dans la profondeur des arbres, aux effets nébuleux. De cette vapeur un ange apparaît au milieu des nuages, portant le calice d'amertume qu'il présente au Sauveur.

Près de leur maître sont les apôtres Pierre, Jacques et Jean, plongés dans un profond sommeil.

Première lancette. — *Panneau du haut.* — Jésus conduit devant Pilate.

Deuxième lancette. — *Panneau du haut.* — Jésus crucifié entre deux larrons. A gauche, la sainte Vierge et saint Jean ; à droite, le soldat Gestas tenant une perche au bout de laquelle est une éponge imbibée de vinaigre. Au bas, des soldats jouant aux dés les vêtements de Jésus.

Deuxième lancette. — *Panneau du bas.* — Ensevelissement du Sauveur par Nicodème et Joseph d'Arimathie en présence de la mère de Jésus, de sainte Madeleine et de saint Jean.

Troisième lancette. — *Panneau du bas.* — La Descente de

Jésus aux enfers. Tableau saisissant. Jésus retire Adam et Ève, tous deux enchaînés par le bras. D'autres patriarches, pleins d'espérance, attendent leur délivrance.

TROISIÈME LANCETTE. — *Panneau du haut.* — La Résurrection.

Jésus sortant de son tombeau ; les soldats, ses gardiens, saisis d'épouvante, tombent à la renverse.

Le Sauveur a le pied posé sur une chaîne qui attache à la fois le démon et la mort ; la mort laisse échapper sa faux et saisit une trompette comme pour sonner la résurrection.

Dans les lobes du tympan de la fenêtre :

A gauche, la mort avec sa faux ; à droite, l'ange du Seigneur annonçant la résurrection ; des millions d'hommes sortant de la terre.

Des inscriptions placées dans les écoinçons disent, à gauche : *Anno 1859. Ad Majorem Dei gloriam et fidelium defunctorum perpetuam pacem.* En 1859 : Pour la plus grande gloire de Dieu et le repos éternel des fidèles défunts.

A droite : *Petro Ludovico Cœur Episcopo Trecensi. Claudio-Francisco Morlot Sti Martini parocho, Elisabeth Virg. Lutel dedit Anno 1859. Donné, en 1859, par Élisabeth Virg. Lutel. M⁹ʳ Pierre-Louis Cœur étant évêque de Troyes, et Claude-François Morlot curé de Saint-Martin.*

De plus petits écoinçons portent le chiffre de Vincent-Larcher, un V et un L entrelacés.

En face l'autel, sur le mur de refend, un groupe en pierre représentant une Notre-Dame de Pitié. Le corps mort de Jésus, renversé sur les genoux de sa mère, presque de grandeur naturelle, est assez bien exécuté.

LE SANCTUAIRE

Le sanctuaire se compose de trois travées formant une fraction d'octogone, ayant pour support des piliers cylindriques isolés, de même ordonnance que les piliers de la nef et du chœur.

Les fenêtres de l'abside, de mêmes dimensions que celles de la grande nef, sauf la fenêtre centrale, qui est plus étroite, conservent la même ordonnance dans leurs meneaux disposés en forme de portique à deux étages.

La clef centrale de la voûte du sanctuaire est une suspension ajourée avec pendentifs variés se développant dans le vide.

Une jolie grille de communion ferme le sanctuaire, ses panneaux sont divisés par des pilastres couverts de rinceaux de vigne et d'épis en cuivre doré et surmontés de coupes de même métal.

Le maître-autel se compose d'un tombeau, légèrement convexe, en marbre rouge, noir et brun; sur les côtés sont des socles de même nature disposés de manière à recevoir des anges adorateurs.

Au centre du tombeau, un médaillon où est le Saint-Esprit enveloppé de rayons de marbre blanc. Sur les gradins en marbre rouge de l'autel sont rangés avec symétrie les six chandeliers en cuivre doré, qui accompagnent le tabernacle posé récemment[1], surmonté d'une exposition qui se termine par un petit amortissement et par le Christ en croix, également en cuivre doré.

FENÊTRES DU SANCTUAIRE.

PREMIÈRE FENÊTRE, à gauche. — La verrière de cette fenêtre représente l'Annonciation.

PARTIE INFÉRIEURE. — 1ʳᵉ lancette. — Dans cette lancette est représentée une galerie en perspective, composée à droite et à gauche de colonnes fuyant jusqu'à l'horizon. C'est l'entrée du palais où l'artiste a reproduit la scène de l'Annonciation.

Au bas de cette colonnade est le blason de la famille Vignier, recouvert d'un riche baldaquin : aux 1 et 4, d'or, au chef de gueules, à la bande componée d'argent et de sable de huit pièces brochant sur le tout (Vignier); aux 2 et 3, d'azur, à un trèfle d'or (Boudot) (30).

1. Ce tabernacle, dans le caractère du XVIIᵉ siècle, est très bien ciselé. Il manque d'ampleur au milieu des six chandeliers qui l'accompagnent; d'autant plus qu'en les rapprochant un peu des deux côtés, il y avait assez de place pour en développer la base. Ce tabernacle en bronze ciselé et doré sort des ateliers de M. Lesage, à Paris

Les Vignier étaient seigneurs de Chamblain, hameau d'Ervy.

2e *lancette.* — L'ange Gabriel annonce à Marie qu'elle sera la mère de Dieu. Il tient dans la main droite un sceptre fleurdelisé, autour duquel s'enroule en spirale une banderole avec ces mots : AVE MARIA, GRATIA PLENA. De la main gauche il montre le ciel, où plane le Saint-Esprit.

3e *lancette.* — Salle à riches lambris de style Renaissance, au milieu de laquelle est une table artistement travaillée, couverte d'un beau tapis bleu, supportant un superbe vase d'orfèvrerie, avec un magnifique bouquet de fleurs.

4e *lancette.* — La Vierge Marie, agenouillée, la main droite sur sa poitrine, écoute avec recueillement les paroles de l'ange.

Dans le cintre de chacune de ces trois lancettes est un ange en prière.

5e *lancette.* — Elle représente le fond de l'appartement, où se trouve le lit de la Vierge Marie, couvert d'un riche baldaquin vert et frangé d'or.

Au bas, le blason de Jacques Vignier et de Marie de Mesgrigny, sa femme. Il est parti : au 1, de Vignier, comme ci-dessus; au 2, de Mesgrigny, lequel est également parti, au 1, d'argent au lion de sable (Mesgrigny); au 2, de gueules à une bande d'argent soutenant un oiseau d'or (Cochot) (31).

31.

PARTIE SUPÉRIEURE. — Dans la baie centrale, le Saint-Esprit, entouré d'anges, plane au milieu d'une gloire qui se divise en trois rayons, lesquels descendent sur Dieu le Père dans la 2e lancette à gauche; sur Dieu le Fils, dans la 4e lancette à droite; et enfin sur l'ange Gabriel, au bas de la baie centrale, au-dessous de l'Esprit-Saint.

Dans la 1re et la 5e lancette sont des anges qui jouent de la viole, de la harpe et du tympanon.

Dans la 2e lancette, le Père Éternel est assis, la tête nue, vêtu d'une aube, d'une étole croisée et d'une chape bleue; il est entouré de têtes d'anges et porte le globe.

Dans la 3e lancette, au bas, l'ange Gabriel, vêtu comme dans la scène de l'Annonciation, les mains jointes, tourné vers Dieu le Père pour recevoir sa mission.

Dans la 4ᵉ lancette, le Fils de Dieu est assis, entouré de têtes d'anges, un sceptre à la main droite, un manteau rouge sur son corps nu. Le globe du monde est par terre auprès de lui.

DEUXIÈME FENÊTRE, *à droite.* — La verrière de cette fenêtre représente la vocation de saint Jacques.

La barque de Zébédée et de ses fils, saint Jacques et saint Jean, occupe les trois premières lancettes.

Le filet traîne dans la mer de Génésareth.

A l'arrière du bateau, dans la 1ʳᵉ lancette, est assis Zébédée, tenant le cordage du grand mât. Dans la 2ᵉ lancette est assis saint Jean, une main sur sa poitrine et l'autre tendue vers son père, comme pour lui demander la permission de suivre le Seigneur.

Dans la 3ᵉ lancette, saint Jacques, debout sur la passerelle à l'avant de la barque, montre, par son geste, qu'il veut répondre à l'appel que lui adresse le Seigneur, qui est debout, dans la 4ᵉ lancette, sur le rivage tout couvert de coquillages. Au-dessous de saint Jacques on lit son nom : S. JACQUE. Sous les pieds du Seigneur, la date 1625.

La 5ᵉ lancette est occupée par un riche pavillon à colonnes et par un arbre qui étend ses puissants rameaux jusque dans la lancette précédente.

Tout le fond de cette verrière est occupé, dans la 1ʳᵉ lancette, par un château fort qui se dresse au sommet d'un rocher, et, dans les deux lancettes suivantes, par une jolie ville avec ses remparts.

Au bas de la 1ʳᵉ lancette est le blason de Jacques Vignier, et au bas de la 5ᵉ celui de Vignier-Mesgrigny, comme à la fenêtre gauche du sanctuaire. Un fragment d'inscription, au-dessous de saint Jacques, rappelle cette donation :

HON (orable homme)

IAC (ques Vignier)

PARTIE SUPÉRIEURE. — Apparition de Notre-Dame del Pilar à saint Jacques.

Saint Jacques étant à Saragosse, en Espagne, passait la nuit en prière avec ses disciples. La sainte Vierge lui apparut, montée sur un pilier de marbre blanc, tenant son fils entre ses bras, et entourée d'une troupe d'anges. Elle lui ordonna de bâtir en ce lieu un oratoire sous son nom, l'assurant que cette partie de l'Espagne lui serait très dévote jusqu'à la fin des temps. Saint Jacques obéit et fit construire un temple qui porte encore aujourd'hui le nom de Notre-Dame del Pilar, ou du Pilier.

Dans la 3ᵉ lancette s'élève une belle colonne de marbre rouge, surmontée d'un chapiteau corinthien doré. Sur cette colonne est la sainte Vierge portant son fils dans ses bras; Jésus bénit saint Jacques.

Saint Jacques occupe la 1ʳᵉ et la 2ᵉ lancette; il est à genoux, les mains jointes; son chapeau à coquille est rejeté sur ses épaules.

Dans la 4ᵉ et la 5ᵉ lancette est la belle église de Notre-Dame del Pilar, avec deux tours ajourées que surmontent des coupoles bleues. Deux personnages s'entretiennent devant la porte.

Dans les écoinçons, des anges rendent hommage à la sainte Vierge.

FENÊTRE CENTRALE DU SANCTUAIRE

Elle représente la scène du Calvaire.

Dans la partie supérieure, le Christ mort sur la croix, la tête inclinée, occupe la baie centrale. Il porte une couronne d'épines vertes, et le linge qui lui entoure les reins est de couleur bleue. Au-dessus de lui, le Père Éternel, vêtu d'un manteau rouge, portant le globe et bénissant.

Dans la baie de gauche, le bon larron dirige vers Jésus des regards pleins d'espérance. Dans celle de droite, le mauvais larron, mort.

La partie inférieure est occupée, dans la baie centrale, par la sainte Vierge affaissée de douleur; saint Jean la soutient et les saintes femmes l'entourent.

Dans la baie de gauche, il y a deux cavaliers et trois soldats qui jouent aux dés la robe violette du Sauveur.

Dans la baie de droite, deux cavaliers et deux Juifs.

Au-dessus de la sainte Vierge est un écusson dont la partie principale a disparu ; il n'en reste que le chef, d'or, à trois molettes de sable (32).

Au bas du vitrail, une inscription dont les fragments ont été mêlés et intervertis. On peut la rétablir ainsi :

FRANÇOIS ROD. . . . . . ET SA FEMME (*ont*)
FAICT FAIRE CESTE (*verrière en l'hon*) NEUR
DE M. S^T MARTIN P (*riez Dieu pour*) EUS.

FENÊTRES DU POURTOUR DU SANCTUAIRE
(CÔTÉ GAUCHE)

Verrière de la Cène. — Cette fenêtre, composée de trois lancettes, se divise horizontalement en deux rangées.

RANGÉE DU HAUT. — Cette rangée est occupée tout entière par la Cène.

Le Seigneur est au milieu, ayant saint Jean couché sur sa poitrine. Son geste indique qu'il vient de dire aux apôtres que l'un d'eux le trahira. Tous les apôtres protestent, et Judas plus vivement que les autres ; il est assis à gauche, tenant sa bourse.

Les apôtres sont assis sur des escabeaux de bois. La table est couverte d'une longue nappe blanche ; sur un plat, devant Jésus, est l'Agneau pascal ; des assiettes, des couteaux, des pains couvrent la table.

RANGÉE DU BAS. — 1re *lancette.* — Le donateur, Jacques Bersat, est agenouillé devant un prie-Dieu, et sur son livre on lit : SANCTE IACQVOBE ORA PRO NOBIS. Il est tout entier vêtu de noir.

Sa femme, Jacquette Cloquemin, est à genoux derrière lui, tenant un chapelet d'or dans ses mains jointes. La robe, noire, est ouverte en carré sur la poitrine, laissant voir une guimpe plissée que surmonte une fraise. Elle porte une coiffe noire plate retombant sur le cou ; elle a des manchettes aux poignets.

Derrière eux, leur patron saint Jacques est debout et les bénit.
Il est en costume de pèlerin, un bissac au côté, son chapeau rejeté
sur ses épaules; bissac et chapeau portent la coquille
et les bourdons en sautoir. Près de sa tête, son
nom : SAINT.........

33.

Sur le prie-Dieu du donateur sont ses armes :
d'azur, à une coupe d'or pleine de chardons à
carder aussi d'or, accostée de deux navettes d or (33).

2e *lancette*. — Une tenture rouge forme le fond
de ce panneau qui représente saint Martin partageant son manteau.
Le saint, monté sur un cheval blanc, dont la tête est ornée de plumes,
est vêtu d'une cuirasse sur laquelle est une large croix; il a des
éperons d'or et est coiffé d'un chapeau à panache. Le fourreau de
son épée est attaché à la ceinture et il coupe un pan de son manteau
pour le donner à un pauvre estropié.

3e *lancette*. — Sur un fond de tenture bleue est représenté saint
Nicolas en tunicelle blanche, chape rouge à doublure verte et mitre
bleue. Il porte la crosse et bénit les trois enfants qui sont à ses pieds
dans un baquet.

Le tympan de la fenêtre se compose de deux lobes surmontés
d'un cercle plus petit.

Dans le lobe de gauche est le Père Éternel, en tiare bleue et
manteau rouge, assis sur un arc-en-ciel et tenant de ses deux mains
Jésus en croix.

Dans le lobe de droite, Jésus est assis sur un double arc-en-ciel,
un manteau violet jeté sur son corps nu. Le geste de sa main droite
condamne les réprouvés, sa main gauche accueille les élus.

Dans le cercle supérieur est l'Esprit-Saint.

Dans les écoinçons, des têtes d'anges.

Au bas du vitrail est l'inscription suivante, en deux lignes :

Honnorable hôme Jacques Berfat Drapier Drapant
et Jacquette cloquemy fa feme Par Devotion ont
Donne cefte verriere. Priez Dieu pour les Trefpaffez.
fut faicte - 1607 -

Entre la fenêtre de la Cène et la fenêtre suivante est une statue en pierre de saint Martin à cheval, casqué et cuirassé, une large épée au côté. Cette statue, assez médiocre, paraît être du commencement du xvi⁰ siècle.

Verrière de la Croix. — Cette fenêtre, comme la précédente, se compose de trois lancettes, avec deux rangées de panneaux.

RANGÉE DU BAS. — 1ᵉʳ *panneau.* — Le donateur Nicolas Butar est agenouillé, les mains jointes, devant un prie-Dieu. Il est vêtu d'un pourpoint rouge que recouvre presque entièrement un manteau violet. Il a un col blanc tuyauté. Derrière lui, saint Nicolas, son patron, avec crosse, mitre et chape, bénissant les trois enfants qui sont à ses pieds dans un baquet.

La donatrice, une coiffe noire sur la tête, est vêtue d'une robe rosâtre à manches larges ; on voit au col le bord de la chemise. Elle est accompagnée de saint Edme, son patron, crossé et mitré. Derrière elle est sa fille, ayant le même costume, plus une petite collerette.

On lit, au bas, cette inscription, en trois lignes :

En lan de grace mil cinq cens soixante et deulx feu Nicolas butar estant de ce lieu et edmōne sa femme ont donne ceste verriere · priez Dieu pour les trespassez.

2⁰ *panneau.* — Ce panneau devrait représenter un ange donnant à Seth un rameau de l'arbre de vie pour le planter sur la tombe d'Adam. Mais il a disparu et est aujourd'hui remplacé par une Mise au tombeau de la fin du xv⁰ siècle. Joseph d'Arimathie et Nicodème tiennent sur un linceul le corps de Jésus et le déposent dans le sépulcre. La sainte Vierge et saint Jean contemplent tristement le corps du Sauveur.

L'inscription se rapporte au sujet disparu :

Lange de paradis terrestre dōna la (*sic*) septh filz de adam ung Rameau de larbre de vie pour planter sur la sepulture dudy Adam qui estoit prochien.

3ᵉ *panneau.* — Seth trouve Adam mort, étendu sur le dos près
d'une maison rustique ; à genoux, il se penche sur lui, tenant le
rameau qu'il a reçu de l'ange. Au second plan, deux dromadaires
qui ressemblent à des chevaux, un cerf et une biche : dans le fond,
les murs fortifiés du Paradis terrestre.

On lit au bas :

> Seth trouva son pere Adam mort au lieu du
> Mont de calvaire sur la sepulture duquel il planta
> Le rameau quil avoit aporte de paradis terrestre.

Rangée du haut. — 1ᵉʳ *panneau.* — Le rameau, planté sur la
sépulture d'Adam, est devenu un grand arbre. Salomon, accompagné
de trois personnages, leur explique qu'il va le faire couper pour
l'employer à la construction du temple ; l'architecte fait exécuter
l'ordre du roi par un bûcheron qui lève sa cognée pour abattre l'arbre.

A droite est le temple en construction, contre lequel est appuyée
une haute échelle. Sur la toiture, trois ouvriers essayent de mettre en
place la poutre faite avec l'arbre, mais ils n'y peuvent réussir, cette
poutre se trouvant toujours trop longue ou trop courte pour la place
où ils veulent la mettre.

Au bas, on lit cette inscription :

> Apres que le rameau fut grandement creu, Salomon
> Le fist coupper pour servir a son edifice, mais pour ce
> Quil ny fut propice il fut mis sur un ruisseau pour sevir de planche.

2ᵉ *panneau.* — La reine de Saba, accompagnée de deux suivantes, rend visite à Salomon, qui vient à sa rencontre, suivi de trois
seigneurs de sa cour. Près d'eux est un ruisseau sur lequel est jetée,
en guise de pont, la planche qui doit plus tard faire la croix. La
reine de Saba, par inspiration prophétique, refuse d'y poser le pied.

Dans le fond est le palais royal ; un vieillard, tenant un bâton
et près duquel est une femme, écoute un jeune homme qui semble
lui demander l'explication de ce mystère.

A gauche est une grotte de rochers couverts de gazon, dans laquelle Salomon fit enfouir la planche mystérieuse.

Voici l'inscription de ce panneau :

La royne fabba ne voulut marcher fur la dicte planche
Pour ce Quelle fut infpiree que fur icelle planche
Seroit crucifie le redempteur des humains.

3ᵉ *panneau.* — Salomon portant la couronne comme dans les panneaux précédents, accompagné de deux personnages, leur explique qu'il fait jeter la planche prophétique dans la piscine probatique ; et, en effet, deux ouvriers, dont l'un est dans l'eau jusqu'à mi-jambes, y déposent cette planche. La piscine est à cinq portiques, comme le dit l'Évangile ; à l'un de ces portiques sont deux Juifs, dont l'un semble donner des ordres.

Entre Salomon et le serviteur qui dépose la planche dans la piscine, un ouvrier, à genoux, perce cette planche avec une tarière, pour la faire servir de croix.

L'inscription dit :

La dicte planche fut prinfe et touvee *sic* **au fond**
De la pifcine probatique de laquelle fut lors
Faicte la croix pour crucifier noftre feigneur [1].

Tympan de la fenêtre. — *Lobe de gauche.* — Invention de la Croix. Au premier plan, le Juif Judas, richement habillé, est à genoux, indiquant l'endroit où la croix a été enfouie. La terre est creusée et la croix apparaît. A droite est un soldat debout.

Au second plan, sainte Hélène est assise sur un trône et un personnage lui adresse la parole. Devant elle est un vieillard couronné, qui représente probablement l'empereur Constantin.

---

1. D'après cette inscription, il semblerait que, dans le vitrail, la planche mystérieuse, au lieu d'être déposée dans la piscine, en est retirée pour servir de croix au Sauveur. Mais la présence de Salomon, très reconnaissable à la couronne qu'il porte, nous oblige à croire que le roi fait réellement jeter la planche dans la piscine probatique.

On lit au bas une inscription que le peu de place libre a forcé de tronquer :

> Helaine longtemps apres la paſſion
> De noſtre ſeigneur trouva la Saincte croix par
> (*la révélation* de judas le ſainct homme.

Lobe de droite. — Exaltation de la Croix. L'empereur Héraclius (que l'inscription nomme faussement Constantin), en chemise, la couronne impériale sur la tête, porte la croix à la porte de Jérusalem. Six courtisans, aussi en chemise, marchent derrière lui.

L'inscription, tronquée comme la précédente à cause du manque de place, dit :

> Conſtantin portoit la vraie crois en grāt honē
> un ange dict quen ainſy ne la faloit porter
> (*Mais comme Jésus*) chriſt en grande humilite.

Lobe supérieur. — Dieu le Père, en tiare, tenant le globe et bénissant.

Dans les écoinçons, il y a des têtes d'anges.

Nous avons déjà décrit, dans l'église Saint-Pantaléon, un vitrail presque entièrement semblable à celui-ci (V. IV, p. 418-423).

Chapelle absidale, dédiée à saint Joseph. La verrière, faite en 1857, fut composée par M. Martin Hermanovska, d'après de vieilles gravures du siècle dernier ; nous l'avons vu exécuter par son jeune fils. Elle représente la vie de saint Joseph et se divise en trois lancettes, comprenant deux rangées de panneaux.

RANGÉE DU BAS. — Ier *panneau.* — Mariage de saint Joseph. Marie et Joseph sont à genoux devant le grand prêtre qui les unit. Saint Joseph tient sa baguette fleurie à la main. Sur le livre que tient le grand prêtre, on lit : MARTIN HK (Hermanovska) PÈRE ET FILS, PAR LES SOINS DE M. LE CURÉ MORLOT, 1857. Inscription :

> Du vertueux Joſeph la baguette fleurie
> Lui aſſure le droit a la main de Marie.

2ᵉ *panneau*. — Il occupe les deux tiers de la hauteur de la lancette et représente saint Joseph debout, tenant à la main droite un
long bâton terminé par une branche de lis, et portant l'Enfant Jésus
sur le bras gauche.

Il n'y a pas d'inscription, mais on lit à gauche : MARTIN HK,
A TROYES.

3ᵉ *panneau*. — La fuite en Égypte. La sainte Vierge, tenant
l'Enfant Jésus dans ses bras, est assise sur l'âne qu'un ange conduit
par la bride et que suit saint Joseph portant sur ses épaules les provisions de la sainte famille.

On lit au bas :

Par un ange averti qu'herode le pourfuit
Lenfant avec fa mere en Egypte il conduit.

RANGÉE DU HAUT. — 1ᵉʳ *panneau*. — Dans la maison de Naza-
reth, saint Joseph rabote une planche sur un établi, la sainte Vierge
coud et l'Enfant Jésus, assis par terre, fabrique une petite croix.

L'inscription dit :

Par fon travail conftant, fa tendreffe et fes foins
De la mere et du fils il pourvoit aux befoins.

2ᵉ *panneau*. — La mort de saint Joseph, assisté de Jésus, qui,
debout près de lui, lui tient la main et lui montre le ciel ; la sainte
Vierge, assise au pied du lit, appuie sa tête sur sa main. A la tête
du lit, un ange assis lit dans le livre de vie les vertus et les mérites
de saint Joseph.

Inscription :

Pour avoir de Jefus la vie alimente
De Jefus a fa mort il fe voit affifte.

3ᵉ *panneau*. — Saint Joseph est emporté au ciel par deux anges.
Il n'y a pas d'inscription.

TYMPAN DE LA FENÊTRE. — Il est en forme demi-circulaire,
décoré d'une bordure du XIIIᵉ siècle. On se demande ce que vient faire

ici cette décoration dans une verrière sans style, dépourvue de dessin
et n'ayant aucun caractère déterminé.

Ce demi-cercle se divise en neuf rayons, qui se terminent par
des médaillons circu-
laires renfermant des
personnages en buste.

A gauche, en
commençant par le
bas, saint Augustin
tenant un livre ou-
vert; saint Paul, une
épée à la main; Salo-
mon portant un scep-
tre; David jouant de
la harpe.

Au sommet,
Moïse tenant les ta-
bles de la loi.

A droite, en des-
cendant du haut en
bas : Jonas, une
gueule affreuse de
poisson près de lui;
saint Jean, avec son
aigle; saint Luc, avec
son bœuf; saint Ber-
nard.

SACRISTIE

La sacristie oc-
cupe, à droite du

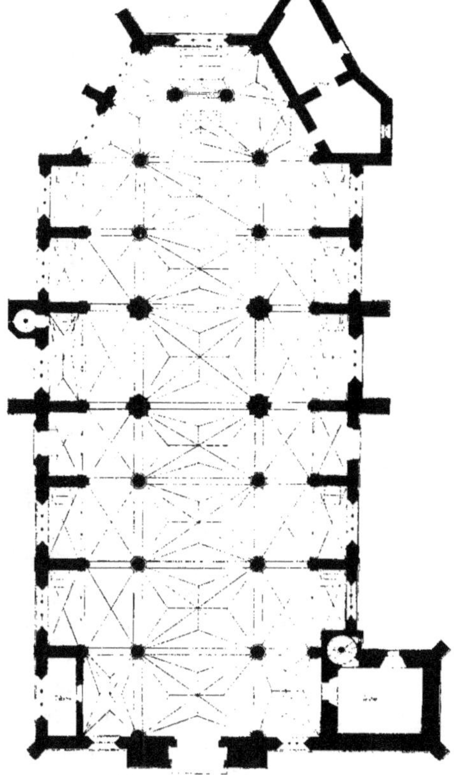

PLAN GÉNÉRAL DE L'ÉGLISE, A 0ᵐ.01 PAR MÈTRE

sanctuaire (voir le plan [1]), la travée qui fait face à la verrière de la Cène.
Elle a deux fenêtres où sont encastrées de petites peintures sur verre.

1. Nous devons ce joli plan à l'obligeance de M. Brouard, architecte à Troyes,
inspecteur des édifices diocésains.

Dans la fenêtre qui est en face de la porte, il y a une petite grisaille du XVIᵉ siècle qui représente saint Martin à cheval, coupant son manteau pour en donner la moitié au malheureux estropié qui lui tend la main; une figure de saint François d'Assise, presque toute en verre blanc, avec un nimbe à rayons d'or.

La fenêtre du fond a aussi deux sujets. Le premier est un médaillon qui représente saint Antoine, son capuchon sur la tête, vêtu d'un manteau marqué du T. De la main gauche, il tient un livre ouvert. Sa main droite est appuyée sur un bâton en forme de T, auquel est accrochée une sonnette. Son compagnon est à côté de lui. Dans le fond, une chapelle.

Le second sujet est un Christ en croix, près duquel se tiennent la sainte Vierge et saint Jean. OEuvre médiocre du XVIᵉ siècle.

L'église paroissiale de Jouarre (Seine-et-Marne) possède une châsse du XIIIᵉ siècle, renfermant les reliques de sainte Jule, martyre de Troyes, dont le corps fut transféré à Jouarre en l'an 1233, en l'honneur de laquelle la seconde abbesse de Jouarre, Eustachie, fit faire la châsse dont nous parlons.

C'est une châsse en forme de tombeau décoré d'arcatures trilobées et couvert d'un toit à double versant se rejoignant en pignon. L'arcature est formée de colonnes à fûts alternativement émaillés et semés de fleurs de lys dans un réseau. Elles sont sur pilastres feuillagés. Les chapiteaux, de formes très variées, ont des corbeilles coniques et cylindriques, dont le feuillé est très différent. Des roses, tour à tour losangées, à pétales, à semis, à imbrication, occupent dans un encadrement végétal les tympans des arcs. Une ligne d'inscriptions et une décoration semée d'arabesques couronnent les parties latérales. Le toit est partagé en trois panneaux dont les cadres, à l'intérieur, sont semés d'inscriptions. Le long du faîtage se développe une crête feuillagée, entée sur une bordure répétée à quelques détails près le long de l'égout de la toiture. Trois cabo-chons occupent à égal intervalle la cime de la crête. Les façades de pignons forment un arc trilobé sur colonnes. Des dessins entremêlés d'inscriptions et semés de pierres de couleur, enfin une répétition de la crête le long des rampants constituent la décoration de cette pièce d'orfèvrerie et rappellent les principales dispositions latérales. Le soubassement de la châsse est en argent, comme les colonnes du côté des pignons. Les chapiteaux sont en vermeil, les ornements estampés, filigranés, incrustés en émail. Sur les faces, c'est le même système décoratif. L'émail fait le fond des estampages, des enlacements et des rinceaux [1].

Voici la traduction des inscriptions latines qui figurent sur les différentes faces de la châsse.

Au pignon principal :

Ce globe montre que voici le souverain de l'univers, qui gouverne les rois, mesure les temps et les lois.

Cette inscription appartenait à une figure de Christ, qui a disparu.

Au pignon opposé, on lit cette légende relative à sainte Jule :

Ainsi cette pieuse vierge est martyrisée pendant qu'elle prie Dieu.

On lui ôte la vie, mais par son sang elle en achète une autre.

Dans le soubassement étaient les figures des douze apôtres, qui ont été enlevées comme celle du Christ. Saint Pierre commandait le côté gauche et saint Paul le côté droit.

Au-dessous des six apôtres placés à gauche figurent trois vers latins :

Ceux-ci sont les docteurs de l'univers et les semeurs de la parole divine; semblables par la doctrine, ils ne cessent d'enseigner la sagesse. C'est à toi, Pierre, qu'a été donnée la suprématie sur eux.

Au soubassement de droite :

Dieu les a choisis pour se soumettre tous les royaumes de la terre. La divine patrie les vénère maintenant comme concitoyens.

Il convient que Paul, le plus grand d'entre eux, soit placé au premier rang.

Les six panneaux dans les versants du comble renfermaient des bas-reliefs dont le métal a probablement tenté la cupidité pendant

---

1. A. Aufauvre et Ch. Fichot, *les Monuments de Seine-et-Marne* (1858).

la Révolution. Il n'en reste plus rien. Les trois panneaux de l'un des versants représentaient des épisodes de la vie du Christ. Les trois autres, des circonstances de la vie et du martyre de sainte Jule. C'est du moins ce qu'on doit penser d'après les légendes suivantes, inscrites dans les encadrements :

La vie subit la mort pour nous rendre à notre première condition, puisque Ève nous en a fait déchoir.

Ici, on voit qu'il s'agit du crucifiement.

Plus loin, de l'ensevelissement :

Le Christ étant descendu de la croix est placé dans le sépulcre : ceux-ci lui rendent les devoirs funèbres.

La troisième légende est ainsi conçue :

L'Ange parle aux femmes qui portaient des parfums, et qui étaient venues pleines de douleur ; son doigt leur indique l'endroit où le corps avait été déposé.

C'est l'apparition de l'ange au sépulcre.

Sur le versant consacré à sainte Jule, les légendes rappellent la protection que Claude trouvait dans les prières de la sainte, ainsi que le martyre et la translation du corps à Jouarre. Voici ce qu'on lit :

Priez que vainqueur de mes ennemis, je revienne sain et sauf. — Va, roi, et sois en paix, tu reviendras joyeux et vainqueur.

Il ne reste que des fragments de la deuxième inscription ; son sens général s'applique au supplice, à la victoire de Jule sur les bourreaux qui sont frappés de cécité.

Enfin, on lit une dernière inscription dont voici le texte :

Eustachie, seconde abbesse, offre cette châsse à la vierge sainte Jule.

ÉGLISE PAPALE ET COLLÉGIALE SAINT-URBAIN

HISTOIRE

Ce merveilleux et splendide monument fut fondé en 1262 par le pape Urbain IV, natif de Troyes, sur l'emplacement de la maison de son père.

Avant son élection au pontificat, Urbain portait le nom de Jacques Pantaléon. Il était fils, dit-on, d'un simple cordonnier.

Jacques Pantaléon fit ses premières études aux écoles gratuites que tenait la cathédrale de Troyes.

Plus tard, il fut envoyé à l'Université de Paris, où il prit successivement les degrés de maître ès arts et de docteur en droit canon et en théologie.

L'évêque de Laon, Anselme de Mauny, qui était né dans le diocèse de Troyes, à Bercenay-le-Hayer, s'attacha le jeune Pantaléon, lui confia une cure de sa ville épiscopale, puis le nomma chanoine et archidiacre.

De l'archidiaconat de Laon, il passa à celui de Liège, dont le chapitre le députa au Concile de Lyon, en 1245. En reconnaissance de ses services, le pape Innocent IV le nomma, en 1248, légat en Allemagne, et l'appela, en 1252, à l'évêché de Verdun. Il n'y passa que trois ans. En 1255, Alexandre IV le nomma patriarche de Jérusalem avec le titre de légat de la Terre-Sainte. Il était à Rome, demandant au pape des conseils et des secours, quand Alexandre vint à mourir.

Le sacré collège, réuni à Viterbe, d'une voix unanime, l'élut Pape, le 4 septembre 1261.

Le patriarche de Jérusalem, suivant l'usage des pontifes romains, changea de nom à son avènement et prit celui d'Urbain IV.

Malgré sa haute élévation, le nouveau pontife n'oublia pas sa ville natale. Il fit distribuer 400 marcs sterling (plus de 140,000 francs de notre monnaie actuelle), par portions égales, à l'église Saint-Jacques, où il avait été baptisé et où reposaient les cendres de son père ; à la cathédrale, où il avait été élevé ; au monastère de Notre-Dame-des-Prés, où sa mère était inhumée, et à l'église collégiale Saint-Étienne.

En outre, dès le début de son pontificat, il résolut de doter la ville de Troyes d'une splendide église, sous l'invocation du pape saint Urbain, dans le lieu même qu'occupait la maison de son père.

Le 20 mai 1262, il écrivit à l'abbesse et aux religieuses de Notre-Dame-aux-Nonnains une lettre pleine d'onction, où il leur expose le motif qui l'a déterminé à cette pieuse fondation. Il les requiert de vendre à ses chargés d'affaires sa maison paternelle, qu'il avait précédemment donnée à leur monastère, et les autres maisons qu'elles pourraient posséder dans le voisinage, pour y faire édifier la nouvelle église ; il leur dit : « Le jour où nous sommes monté sur la chaire apostolique. nous nous sommes, par une nomination et une vocation céleste. imposé le nom du bienheureux Urbain, pape et martyr. Voulant donc perpétuer à jamais, même après notre mort, la mémoire de ce nom dans la ville de Troyes, dans cette ville à qui, par ce qu'elle nous a donné naissance. l'on peut dire avec raison : *Et toi. ville de Troyes, tu n'es pas une des moindres* parmi les plus fameuses cités de France, *puisque c'est de toi qu'est sorti le chef qui gouverne et conduit le peuple chrétien :* sous l'inspiration de celui qui, comme on lit dans l'Ecclésiaste, *a exalté notre demeure sur la terre.* nous avons résolu de rendre à jamais célèbre le lieu de notre naissance dans notre maison paternelle, que nous vous avons donnée il y a quelque temps. par un effet de notre bienveillance ; nous avons, dis-je, résolu de faire de cette maison, qui nous a reçu dans son enceinte lorsque nous avons commencé le pèlerinage de cette vie, un lieu de prière au Seigneur, et de la consacrer au culte divin, en l'honneur du saint martyr Urbain, » etc.

Il ajoute plus bas : « Mais ce n'est pas seulement, nos chères filles en Jésus-Christ, l'ardeur de la dévotion dont notre cœur est continuellement embrasé pour le saint martyr dont nous portons le nom et dont nous tenons le siège, qui nous pousse à élever un temple à l'honneur du Dieu d'Israël ; nous y sommes encore agréablement entraîné par la suave odeur des exemples de quelques saints pontifes qui, dans différents temps, ont occupé le siège apostolique, et dont nous sommes le successeur, malgré l'infériorité de notre mérite.

« En effet, nous voyons le pape saint Grégoire, dont la mémoire sera toujours sacrée, sorti d'une illustre famille de Rome, faire élever dans cette ville, sur son propre patrimoine, un temple au Très-Haut, qui, dédié sous son nom, a rendu la mémoire de ce saint célèbre et chère à tous les fidèles.

« Et notre prédécesseur, d'heureuse mémoire, le pape Grégoire IX, fit élever, dans le territoire d'Anagni, sur son patrimoine, un célèbre monastère, et, dans l'enceinte de cette maison, une église en l'honneur de la bienheureuse Vierge Marie, qu'il prit le soin de doter richement. »

Il reprend : « Mais comme il y a longtemps que nous avons cru devoir faire à votre monastère une donation de notre maison paternelle, pour le soulagement des âmes de nos parents, voulant la reprendre pour l'œuvre sainte que nous voulons élever à Dieu, notre Sauveur ; nous vous mandons par notre lettre apostolique de la vendre, avec ses dépendances et appartenances, ainsi que toutes autres maisons et places que vous pourriez avoir aux environs, à nos chers fils, maître Jean Garsie, notre chapelain, et Thibaut d'Assenay, citoyen de Troyes, que nous établissons à cet effet nos procureurs pour les acheter en notre nom au prix convenable, sans qu'on puisse opposer aucune difficulté. Et pour vous faciliter l'exécution de ce que nous vous demandons, nous vous donnons, par ces présentes, pleine et entière liberté de vendre, tant ladite maison avec ses dépendances et appartenances que toutes les autres maisons et places que vous pourriez avoir aux environs, et d'en employer le prix aux besoins du monastère, nonobstant tous statuts et coutumes à ce contraires, même confirmés par serment ou de quelque autre manière que ce soit; et si vous, notre très chère fille abbesse, vous avez juré de ne point aliéner les biens du monastère, nous vous délions pleinement de votre serment, par la vertu de ces présentes.

« Donné à Viterbe, le treize des calendes de juin (20 mai), la première année de notre pontificat [1]. »

Les maisons acquises par les deux commissaires d'Urbain IV occupaient l'espace depuis la rue des Mauberts (appelée depuis rue du Maillet-Vert), qui n'existe plus, jusqu'à celle de la Vierge; on devait, suivant les intentions du fondateur, y bâtir douze maisons canoniales, d'une construction symétrique, avec chacune un petit jardin, dont l'ensemble aurait formé, en avant de l'église, une espèce de cloître, dans l'emplacement qu'occupait l'ancienne hôtellerie du Chaudron, aujourd'hui maison appartenant à M. Dalbanne. Il y avait anciennement un fief qui relevait de la duchesse de Nevers, que cette princesse affranchit depuis de toute redevance et hommage en faveur des chanoines. Dès le mois de septembre 1262, le chapelain Garsie et Thibaut d'Assenay avaient acheté huit maisons; plusieurs autres furent encore achetées l'année suivante [2].

Après l'achat de ces maisons et de leurs dépendances, le pape Urbain envoya les ordres et l'argent nécessaires pour commencer les travaux. La somme qu'il envoya était de 10,000 marcs sterling, qui équivalent à 3.532,855 francs de notre monnaie actuelle.

Urbain IV avait obtenu de Thibaut V, comte de Champagne et roi de Navarre, la permission pour les chanoines d'acheter des biens sur ses terres et domaines jusqu'à concurrence de trois cents livres de rentes pour doter le chapitre [3].

Le prince, en sa considération, contribua aussi de ses dons à cet établissement.

La construction de cette belle église avançait rapidement, mais Urbain n'eut pas la satisfaction de voir son entier achèvement; il mourut à Pérouse le 4 octobre 1264.

1. Lalore, *Documents sur l'Abbaye de Notre-Dame-aux-Nonnains de Troyes*, 1874, p. 113-116.

2. Lalore, *Chartes de saint Urbain*, p. 231 et suivantes

3. Au nombre de ces seigneuries était le comté de Brienne.

L'argent qu'il envoyait pour payer les maisons et les terres qu'il avait achetées fut saisi au delà des Alpes et rapporté à la cour de Rome. Heureusement, il avait chargé un autre Troyen, le cardinal Ancher, du titre de Sainte-Praxède, son neveu, de continuer son œuvre et de remplir ses intentions.

Celui-ci faisait suivre les travaux avec activité. Déjà le chœur était achevé, la couverture posée, les stalles et les portes étaient établies, et il y avait un autel en marbre dans le sanctuaire. La consécration de cet autel devait avoir lieu le 25 mai 1266, jour de la fête de saint Urbain, lorsque l'audacieuse entreprise d'une femme arrêta les travaux pendant quelque temps. L'abbesse de Notre-Dame-aux-Nonnains, croyant les intérêts de son monastère lésés par la fondation de Saint-Urbain, se transporta dans l'église, suivie de ses partisans armés qui, par son ordre, renversèrent l'autel, arrachèrent les portes, brisèrent ou emportèrent les instruments employés à la construction; elle ne se retira qu'après avoir détruit tout ce qui ne put résister à ses efforts sacrilèges.

Il est probable que l'incendie qui ravagea le chœur de Saint-Urbain en 1266, vers le mois de mai, fut causé par cette criminelle invasion.

En 1267, le pape ordonna à l'évêque d'Auxerre, depuis archevêque de Tyr, de bénir le cimetière de Saint-Urbain. Mais l'abbesse de Notre-Dame, regardant cette bénédiction comme une nouvelle entreprise contre ses droits, se rendit de nouveau sur le lieu avec les siens et, dans sa colère, s'oublia jusqu'à frapper le prélat au visage.

Celui-ci, voyant son autorité méconnue, se retira, poursuivi jusque dans la rue, accablé d'injures et de coups. Le pape ouvrit les procédures canoniques contre l'abbesse et ses religieuses par une bulle du 15 juillet 1268, et la sentence d'excommunication fut solennellement prononcée dans l'église Saint-Étienne le 20 mars 1269.

Un acte passé entre le chapitre de Saint-Urbain et l'abbesse de Notre-Dame nous apprend qu'en 1288 la querelle n'était point encore terminée. Vers la même époque, le pape Martin IV manda à l'évêque de Troyes, par une bulle, de procéder à la bénédiction du cimetière, qui n'avait point été faite encore; mais, prévoyant un refus, il chargea de ce soin l'évêque d'Auxerre.

Enfin une autre bulle de 1289 accorde des indulgences à ceux qui visiteront l'église *le jour où sera dédié le maître-autel.* Mais ce fut seulement en 1389 que Pierre d'Arcis, évêque de Troyes, célébra cette consécration.

Les travaux, grâce aux bienfaits du cardinal Ancher, s'étaient poursuivis jusqu'en 1290. En 1291, le pape Nicolas IV expédia de Viterbe une bulle par laquelle il donnait à tous les chrétiens des diocèses de Langres et de Troyes qui, durant l'espace de cinq années, *donneraient et élargiraient de leurs biens pour parfaire l'église Saint-Urbain, de Troyes, un an et quarante jours de pardons.*

En 1420, l'église Saint-Urbain fut visitée par Philippe le Bon, duc de Bourgogne, qui tenait pour le roi d'Angleterre; c'était le jour de Pâques; l'office fut célébré par Henri de Savoisy, archevêque de Sens. Le noble duc avait déposé à l'offrande un mouton d'or qui devint une pomme de discorde entre le chapitre et l'archevêque. Ce dernier prétendait que la pièce de monnaie lui appartenait, le chapitre soutenait ses droits avec énergie. La querelle dura huit années, et ce ne fut qu'en 1430 que le doyen Nicolas de Lintelles obtint contre Odon Bourgoin, aumônier de l'archevêque, une sentence des requêtes du Palais, qui lui adjugea l'offrande du prince bourguignon.

PRÉAMBULE DE LA RESTAURATION

Après la mort du cardinal Ancher, les travaux de l'église Saint-Urbain furent suspendus et, quelques années plus tard, complètement abandonnés. Alors on vendit les terrains restés libres qui entouraient le monument de tous côtés, et l'on construisit des maisons de rapport en façade sur la rue Urbain-IV et sur la rue de l'Hôtel-de-Ville.

Ensuite, le chapitre fit abriter le tympan du portail, dont la sculpture était complètement terminée, et les murs des portes latérales des bas côtés, par une charpente couverte en tuiles. Il en fut de même de la grande nef inachevée, composée simplement de ses piliers et de ses murs jusqu'au bandeau des fenêtres où s'arrêtait toute l'ancienne construction. Sur ceux-ci on établit une clôture en charpente et l'on éleva sur toute la nef une voûte cintrée, couverte en plâtre.

Cet état de choses, digne de pitié, dura quatre siècles et demi.

En 1849, la ville de Troyes, s'intéressant à l'achèvement de l'édifice, acheta successivement toutes les maisons qui obstruaient l'aspect de ce bel ensemble architectural.

Le Gouvernement, de son côté, connaissant tous les sacrifices que la ville s'était imposés pour dégager cette église, chargea M. Millet, architecte diocésain, qui, à cette époque, restaurait le chœur de la cathédrale, de lui faire un rapport détaillé sur les réparations à faire et sur les frais que nécessiterait l'achèvement de cet édifice. Ce rapport fut remis entre les mains du ministre des Cultes et des Beaux-Arts.

Enfin, vers 1850, on obtint des subventions importantes pour entreprendre définitivement la consolidation du porche sud, sous la direction de M. Fléchey, architecte à Troyes.

Les travaux considérables de la cathédrale et les événements de 1870 arrêtèrent, pendant une trentaine d'années, la restauration de Saint-Urbain.

Ce n'est que plus tard que le Conseil général et la Société académique de l'Aube, présidée par M. Albert Babeau, ne pouvant rester étrangers au mouvement de l'opinion publique qui désirait rendre à l'église Saint-Urbain la justice qui lui était due, sollicitèrent à plusieurs reprises les allocations que nécessitait son achèvement.

Après de nombreuses et vives sollicitations de M. l'abbé Jossier, le regretté curé de Saint-Urbain, la Commission fut saisie et enfin le crédit fut voté.

Les travaux de restauration commencèrent immédiatement par la réfection du chœur et des deux porches des entrées latérales. En peu de temps, de 1876 à 1886, nous avons vu retenir de la base au sommet toutes les parties anciennes de l'édifice.

vu d'angle, qui se termine sous une corniche creusée et remplie de feuilles de chêne. Entre les rampants des frontons, dans les écoinçons, sont sculptés des figures humaines et des animaux fantastiques (2). A gauche, un homme à la tête brisée, en regard d'un chien de chasse aux grandes oreilles, se dressant contre le pinacle d'angle, sur ses pattes de derrière.

A gauche encore, on voit un taureau furieux donnant de la tête en avant, le corps ailé, se terminant en queue de poisson. A droite, un homme nu, dont le corps se développe en queue de serpent (2); fantaisies grotesques du commencement du xive siècle.

2.

Au-dessus des deux baies est un entablement dont la gorge inférieure est décorée de feuillages, relevés aux angles par une tête de nègre d'un côté et une tête de diable de l'autre. La corniche est creusée d'une gorge ornée de feuilles de vigne. La partie du bas se divise en deux parties, en laissant une place vide pour le passage de la tête d'une statue, qui s'élevait jadis sur le trumeau.

Dans les deux frises est représentée la résurrection des morts. Il y en a douze de chaque côté, évêques. roi, reine, moines, bourgeois, femmes; les uns complètement nus, les autres couverts de leurs linceuls; il y en a un qui est un véritable squelette. Ils sortent de leurs tombeaux, et quelques-uns soulèvent le couvercle de la bière qui les renferme.

Au-dessus de l'entablement décoré de feuillage s'élève un grand arc ogival aux légers profils, qui encadre le tympan. Celui-ci est

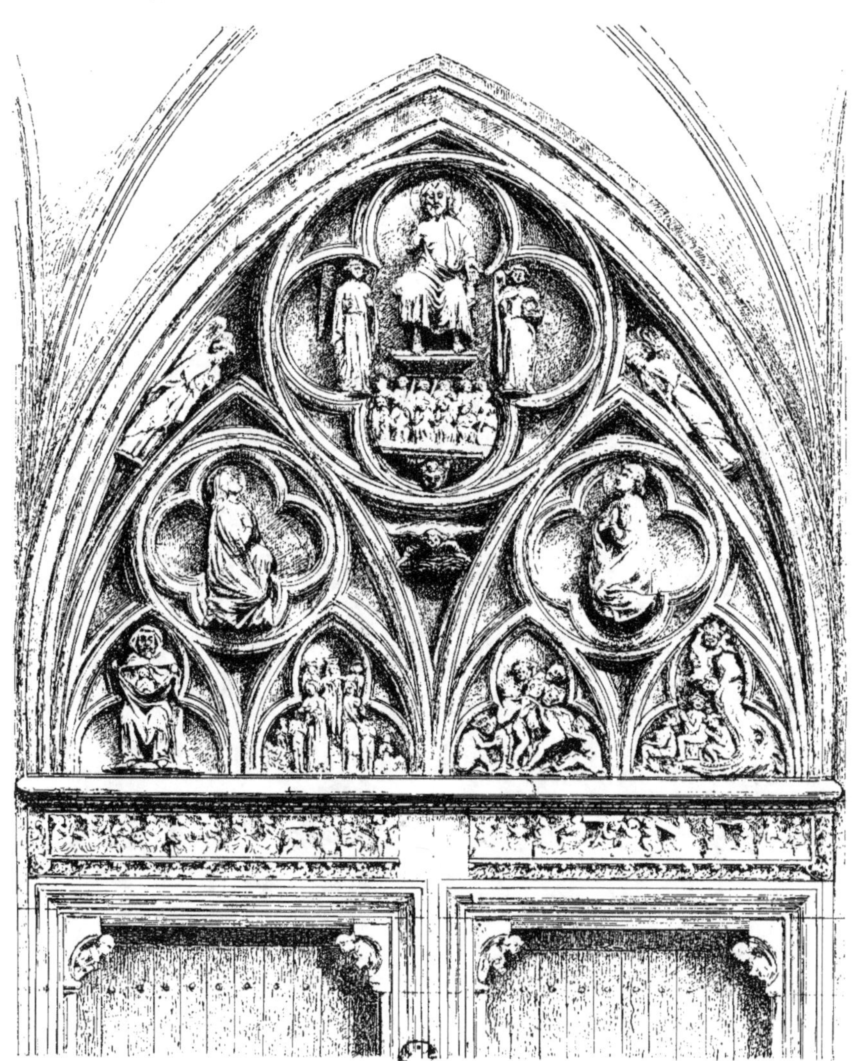

divisé par deux ogives surmontées d'un grand cercle rempli par un quatre-feuilles.

Dans ce cercle, le Fils de Dieu est assis sur son trône, couvert de son manteau qui laisse voir la plaie de son côté ; de sa main droite, il bénit les justes ; de l'autre main, il écarte les réprouvés. A ses côtés, deux anges debout tiennent en leurs mains les instruments de la Passion ; à gauche, la tenaille et les clous ; à droite, la lance et la couronne d'épines.

Sous les pieds du Christ, sur une console ornée de feuillage, une tête de chérubin porte les douze apôtres assistant au jugement.

Au-dessous d'eux, un ange qui forme console tient deux banderoles, dont l'une devait porter le *Venite benedicti*, et l'autre, l'*Ite maledicti*.

Dans les écoinçons, deux anges sonnent de la trompette pour réveiller les morts.

Deux ogives, au milieu du tympan, en renferment deux autres plus petites ; au-dessus, dans un cercle à quatre-feuilles, est représentée, à gauche, la sainte Vierge, agenouillée sur les nuages, les mains jointes et le regard au ciel, implorant. A droite, dans la même attitude, saint Jean le bien-aimé.

En partant du petit arc trilobé, à gauche, on voit Abraham recevant dans son giron trois petites figures nues sans distinction de sexe : ce sont les âmes des justes entrant dans la béatitude céleste.

Dans le deuxième trilobe, des anges reçoivent les justes ressuscités ; on voit trois petites figures nues, les mains jointes, une couronne sur la tête, ce qui indique qu'elles sont reçues dans le céleste royaume. Sur les deux côtés du trilobe, deux figures sortent de la terre.

Le troisième arc ogival trilobé est occupé par les pécheurs voués aux flammes de l'enfer, suivant les conditions de la vie (3). On reconnaît un roi, un évêque, un bourgeois et un mauvais riche. Tous ces personnages sont groupés et traînés, la corde au cou, par une guenon assise à terre, coiffée d'un béguin à la manière des

femmes du XIIIe siècle et qui tire la corde de ses deux mains, avec
un rire satanique. Un deuxième démon, à gauche, est assis par
terre; il pousse le roi par derrière et de la main gauche le force
à marcher. L'avare, au milieu du groupe, est représenté portant au
cou une énorme bourse pleine de pièces de monnaie; de ses deux
mains il serre l'ouverture avec frénésie.

L'évêque, qui lui fait face, se trouve placé dans la même
attitude de crainte. Il lève les yeux au ciel, implorant la miséricorde
de Dieu; de sa main
gauche, il passe ses
doigts dans les cordes
qui l'étranglent, pour
se soulager; il est en-
tièrement nu, comme
ses compagnons d'in-
fortune.

3.

Au-dessus du
groupe, un troisième
démon, à la figure
narquoise, porte la
main sur la tête du
bourgeois et le pousse avec violence sur les trois misérables
condamnés (3).

Dans le quatrième et dernier trilobe est représenté l'enfer,
figuré, suivant l'usage du temps, par une énorme gueule de monstre
vomissant des flammes (4). Un roi couronné, tenant son sceptre
brisé, et un jeune homme sont déjà plongés dans cette effroyable
fournaise; leur physionomie exprime la douleur qu'ils endurent. Un
diable, à la tournure altière, couvert de poil, est assis sur la mâchoire
supérieure du monstre; de ses deux bras velus, il renverse un jeune
homme à la force de ses poignets et le plonge avec satisfaction dans
l'abîme infernal.

Devant la gueule béante du monstre, toute prête à recevoir
d'autres réprouvés, un diable est assis à terre; il a la face hideuse
d'un singe, le nez rongé par le vice, le corps couvert de poil, les

pieds armés de griffes; son rire moqueur, le frottement de ses mains
expriment très bien la raillerie et témoignent toute la joie qu'il
éprouve en voyant les damnés jetés dans la gueule de l'enfer. Un
crapaud et un lézard semblent se réfugier sous ses cuisses velues.

Des deux côtés du portail s'appliquent au mur de clôture deux
piédestaux vus de face, décorés, comme le trumeau central, d'une
ogive trilobée, surmontée de gâbles ornés de crochets et couronnés
d'un fleuron. Dans les écoinçons, on voit des figures humaines ailées,
dont les corps se ter-
minent en queue de
serpent; ils forment
saillie sur le jam-
bage (5).

Plus haut que la
base du tympan, à
gauche et à droite,
est une suite de petits
dais à pans, repré-
sentant, pour la plu-
part, des diableries et
des histoires fabu-
leuses de l'antiquité,

le tout très mutilé (6). Ces dais étaient destinés à abriter des statues
qui devaient être placées sur le soubassement de chaque côté, qui ont
été enlevées et dont deux sont conservées au musée de Troyes.

ENTRÉE DES BAS COTÉS

Les portes qui donnent entrée aux bas côtés n'ont qu'une baie
à linteau plat, décorée des mêmes profils que les baies de la porte
centrale de la nef, avec consoles représentant, à gauche, un abbé
tenant, de la main gauche, une crosse, le bras levé, mais brisé,
indiquant, par le mouvement, qu'il bénissait.

A droite, un ange nimbé, portant la chape et l'étole, les deux
bras brisés, clerc de l'officiant qui lui fait face, devait tenir un

calice. De même, toutes les consoles des portes sont occupées par des anges à mi-corps dans des nuages. Celles du nord, à droite de la porte d'entrée du bas côté, nous présente un ange tenant encore la navette qu'il portait, reconnaissable malgré ses mutilations, ce qui nous donne à penser que l'abbé crossé, non nimbé, et les anges

5.

pourraient bien représenter la cérémonie mystique de la consécration de l'église par un délégué du pape.

Au-dessus de cette porte est une fenêtre ogivale, qui se répète au nord; elle se divise en deux jours par un meneau surmonté d'une rose à cinq feuilles qui occupe toute la partie supérieure. Son archivolte est richement sculptée de feuillage délicatement fouillé.

Entre les contreforts des angles du portail et ceux des deux rues en retour il existe un escalier ouvert intérieurement par une porte à linteau plat, qui conduit aux basses voûtes et à la terrasse du portail.

Extérieurement, les escaliers sont couverts par un pinacle à huit pans, composé de colonnettes appuyant les arcatures ogivales surmontées de gâbles, au centre desquelles s'élève un clocheton pyramidal qui termine fort heureusement la décoration de cette remarquable façade.

Dans la première travée, au nord et au midi, est percée une petite fenêtre ogivale terminée carrément sous le chéneau indépendant des formerets des voûtes. Elle se divise en deux lancettes trilobées dont la décoration est réduite à sa plus simple expression; les vitraux sont disposés dans une feuillure sous l'arc formeret, mais cette claire-voie n'est qu'une décoration.

Ces fenêtres se terminent par un gâble aigu sans crochet terminé par un fleuron appliqué à la balustrade ; celle-ci se compose d'une succession de trèfles ajourés.

A l'intérieur, le grand arc trilobé, qui soutient l'arc formeret, se trouve en contre-bas de la partie supérieure des fenêtres.

Les travées de ces bas côtés sont divisées par une petite nervure tombant sur une pile, et les arcs-doubleaux sur les contreforts qui reçoivent les arcs-boutants des grandes voûtes.

Les deuxième et troisième travées des deux bas côtés sont occupées intérieurement par des murs pleins qui divisent ces travées en deux parties, la première étant chargée de renforcer le contrefort de la tour projetée, la deuxième de remplir le même office à l'égard des piliers du transept. Les deux parties vides laissées

entre le gros et le petit contrefort sont occupées par deux claires-voies ; la première est une exacte répétition de celle de la première travée, déjà décrite.

La troisième fenêtre est occupée dans sa largeur par deux ogives trilobées couronnées d'un trèfle renfermé dans un gâble aigu chargé de jolis crochets et se terminant par un riche fleuron appliqué à la balustrade ; celle-ci se compose d'une succession de trèfles ajourés. Le meneau central de la fenêtre et ceux des côtés sont surmontés d'aiguilles ornées de fleurons s'appuyant contre la corniche de la balustrade (-).

A l'intérieur, le grand arc trilobé qui soutient le grand arc formeret se trouve en contre-bas de la partie supérieure des fenêtres.

En un mot, suivant Viollet-le-Duc, l'éminent architecte[1], « la construction de ces bas côtés ne consiste donc qu'en des contreforts ou piles portant les voûtes ; puis, comme clôture, des cloisons ajourées posées en dehors et recevant les chéneaux. Véritable châssis de pierre que l'on peut remplaceraprèscoup, changer, réparer sans toucher à l'édifice. Ce système admirable, parfaitement raisonné, permet les décorations les plus riches et les plus légères sans rien ôter à la bâtisse de sa solidité et de sa simplicité. » A la hauteur des basses voûtes des bas côtés, les piles et les contreforts sont percés pour l'écoulement des eaux pluviales, qui s'échappent au nord par une tête d'homme à l'ex-

7. FENÊTRE DES BAS CÔTÉS

trémité d'un caniveau, d'un chat, d'un griffon à tête d'homme et à la poitrine drapée.

1. *Dictionnaire d'Architecture*, vol. 5, p. 397.

Au midi, une femme nue avec un capuchon sur le cou et la tête, représentant la luxure; un clerc ou un avocat, en bonnet carré, en robe avec son escarcelle au côté; mais la plus intéressante de ces gargouilles est un chevalier de la Croisade, en cotte de

mailles et d'écailles, bardé de fer, tirant son épée du fourreau pour frapper une panthère qui, montée sur son épaule, cherche à le dévorer (8). Enfin, pour la dernière gargouille, une femme drapée.

Toutes ces gargouilles ont une allure remarquable et énergique.

LES TRANSEPTS

Les deux transepts de l'église Saint-Urbain s'ouvrent, au nord, sur la rue de l'Hôtel-de-Ville, et, au midi, sur la rue Urbain-IV. Ils n'excèdent pas la largeur des bas côtés.

Un porche profond donne entrée dans chacun des deux transepts.

Ces deux porches, véritables dais en pierre, se composent de frêles colonnes surmontées d'aiguilles et flanquées de colonnettes qui soutiennent deux arcades ogivales surmontées de gâbles reliés

entre eux par une galerie tréflée et ajourée; construction complètement indépendante de l'édifice, maintenue par des contreforts hors-
d'œuvre et complètement isolés.

Sur les deux faces latérales sont élevés des gâbles au-dessus des
archivoltes, comme sur la façade principale. Les nervures des voûtes
de ces deux porches sont décorées à leur jonction par de riches
médaillons où se trouvent représentées des figures d'anges tenant
des phylactères. Au nord, un prophète fait pendant à l'ange.

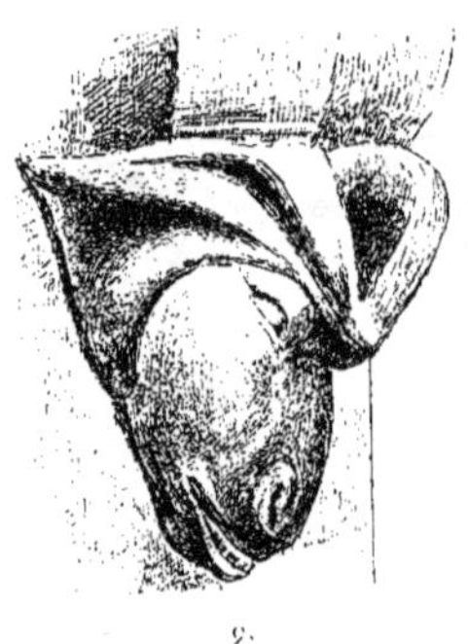

En avant sur la rue, trois puissants contreforts soutiennent,
au moyen d'arcs-boutants, la charge des voûtes. Ces arcs-boutants reposent, à l'appui des contreforts, sur des consoles représentant au nord une tête de brebis coiffée d'un camail et une
tête de veau (9 et 10), au midi des têtes de bœuf ruminant et de
taureau au repos (11 et 12). Celles-ci sculptées et exécutées avec
une adresse de ciseau et une désinvolture remarquables.

Les arcs-boutants sont creusés de caniveaux pour l'écoulement
des eaux par des gargouilles posées sur la face des contreforts sur
la rue.

En 1852, M. Fléchey, architecte à Troyes, fut chargé, par
le gouvernement, de la restauration du porche de la rue Urbain IV.
Il avait pris sur lui de diminuer la hauteur de la toiture du porche
pour dégager davantage les grandes fenêtres du transept? Par cette

modification, le porche perdit son caractère de grandeur et cessa
d'être d'accord avec l'ensemble du monument.

Aujourd'hui, depuis les derniers travaux, on a surélevé d'une
assise la galerie du couronnement du porche et la nouvelle toiture a
pris sa place avec avantage. Mais nous regrettons que l'épi de ce

11.

12.

pignon, vu de profil en arrivant par les rues adjacentes, ne se trouve
pas dans l'axe du fleuron du gable qui décore la face latérale du
porche.

PORTES LATÉRALES DES TRANSEPTS.

Les portes jumelles du nord, comme celles du midi, sont décorées d'un arc ogival trilobé appuyé sur le bandeau de la fenêtre; il
est surmonté d'un gable, occupé par un trèfle ajouré dans le vide
du pignon, dont les rampants sont ornés de crochets et le sommet
couronné par un fleuron.

Derrière cette décoration si élégante et si pure d'exécution s'élèvent
deux lancettes ogivales, surmontées d'un quatre-feuilles qui complète
le tympan : ensemble décoratif qui s'ajuste parfaitement avec la
richesse architecturale du porche (13).

Des deux côtés des baies de la porte centrale sont des socles
séparés par un faisceau de colonnettes sur lesquelles reposent les
nervures de la voûte du porche. Ces socles sont décorés de

trilobes doublés de gorges et de légers profils, et, au-dessus, d'un petit trilobe encastré dans le tympan. De chaque côté, de petits pinacles servent de support au gable fleuronné dont les écoinçons sont

13. ENTRÉE DES TRANSEPTS

occupés par des animaux fantastiques ailés, le corps développé en queue de lézard ou de serpent. animaux réels ou fabuleux dont les traditions se sont conservées longtemps dans l'esprit des populations (14).

Le second pilastre comprend la même disposition, à l'exception des écoinçons, qui sont chargés de branches de feuillage (15).

Les socles des transepts, à droite et à gauche, sont décorés dans le même goût pour la partie architecturale, avec cette différence qu'ils sont occupés par un fond de tapisserie orné de losanges et fleurs

de lis pour le socle à gauche (16), de même pour celui de droite portant, dans le haut, des bordures composées de petits animaux poursuivis par des chiens. Tous ces socles sont couverts par un larmier profilé sur lequel s'élevaient de grandes statues, qui ont disparu depuis la Révolution de 1789. Au-dessus de ces niches sont des dais à trois faces décorées d'ogives trilobées, destinés à abriter ces statues.

Aux portes du nord, la décoration des socles avancés qui portent les statues est à peu de chose près celle des portes du midi ; il n'y a qu'une différence bien sensible dans la finesse des animaux qui occupent les écoinçons des gables, lesquels sont des êtres de fantaisie créés par l'imagination de l'artiste; en voici un exemple (17).

TRANSEPTS

Au-dessus de la porte jumelle des transepts, s'élèvent deux grandes fenêtres jumelles, divisées chacune en trois lancettes trilo-

16.

bées, que surmontent trois roses à quatre feuilles dont les cintres, aux extrémités, sont ornés de feuillage.

Au-dessus de l'arc-formeret qui bute les grandes voûtes est une claire-voie établie à 50 centimètres environ de distance de la fenêtre. Elle se compose de deux grands arcs construits complètement dans le vide, s'appuyant latéralement sur les contreforts des transepts et, au milieu, sur l'aiguille fleuronnée, vue d'angle, qui sépare les deux fenêtres.

A la naissance de l'ogive, s'élève un gable dont le centre est ajouré et occupé par un trilobe renfermant une face humaine fleuronnée. Les arcs et les pignons s'appliquent à la balustrade, composée de trèfles droits et renversés, pour empêcher son déversement et maintenir la rigidité du chéneau.

Dans les écoinçons des gables sont des cercles à quatre lobes qui viennent aussi contribuer à la solidité de l'ensemble de cette remarquable décoration, d'une conception et d'une richesse incomparables.

Les angles des transepts sont appuyés de contreforts jusqu'aux

voûtes et sont, à chaque retrait, ornés de colonnettes surmontées
d'ogives trilobées, de pignons et d'aiguilles fleuronnées, suivant le
système général adopté dans la décoration de cette église, si riche de
style et de grandeur.

Au-dessus du portail, au nord et au midi, les pignons sont

17.

bordés d'un larmier, et percés au centre par une ouverture ogivale
à trois lancettes taillées en biseau.

Sur les deux grands pignons des transepts, s'élève une croix
taillée dans la pierre dure de Tonnerre, intéressante au point de vue
de son assemblage. Cette belle croix avait perdu ses deux bras pendant la Révolution ; ils ont été restaurés avec beaucoup de soin. Elle
se compose de six morceaux : un pied, une bague en deux assises
(voyez le beau dessin de M. Selmersheim), un montant, une
traverse, et le bras supérieur. On voit en coupe sur le dessin comment
la bague double enserre les deux bouts du pied et du montant,

dont les deux pièces sont rendues solidaires au moyen de six petits crampons de cuivre scellés en plomb avec beaucoup de soin; un autre goujon également en cuivre en I, maintient le bras supérieur, la traverse et le montant.

Au transept du midi, deux têtes d'évêques mitrées ornent, sur les deux faces, la partie centrale de la croix; ces deux têtes, avec les consoles et supports, contribuent à donner de l'assiette à la traverse sur le montant (18).

Les transepts sont éclairés, à l'ouest et à l'est, par de larges fenêtres, beaucoup plus grandes que celle de la façade; la fenêtre de l'ouest se divise en quatre lancettes trilobées, s'ajustant avec des trèfles et des quatre-feuilles, et décore admirablement la partie ogivale du tympan.

La fenêtre à l'est a cinq lancettes, celle du milieu plus haute que les autres.

CHAPELLES LATÉRALES

La chapelle du nord est consacrée à saint Joseph et celle du midi à la sainte Vierge. Toutes deux sont appuyées aux deux premières travées du chœur.

Extérieurement, elles se composent d'une travée et d'un petit sanctuaire dont l'abside a la forme d'un hexagone à trois pans. La première travée est divisée en deux parties par un mur plein contre-butant le contrefort du transept et par une fenêtre qui se divise en deux lancettes trilobées. La seconde travée comprend une fenêtre éclairant le petit sanctuaire et l'abside. Ces fenêtres renferment des trèfles à jour terminés par des gables et des fleurons apppliqués à la balustrade qui borde les combles. Les deux premières travées du midi sont contre-butées par un leger contrefort à retraits décoré, à la hauteur des combles des chapelles, par des aiguilles légères. Depuis le soubassement jusqu'à la hauteur des grandes voûtes du chœur, un second contrefort s'élève avec retraits et se couronne par trois petits pignons, sur lesquels s'appuie l'aiguille du couronnement.

De ce contrefort se dégage, par-dessus les combles de la cha-

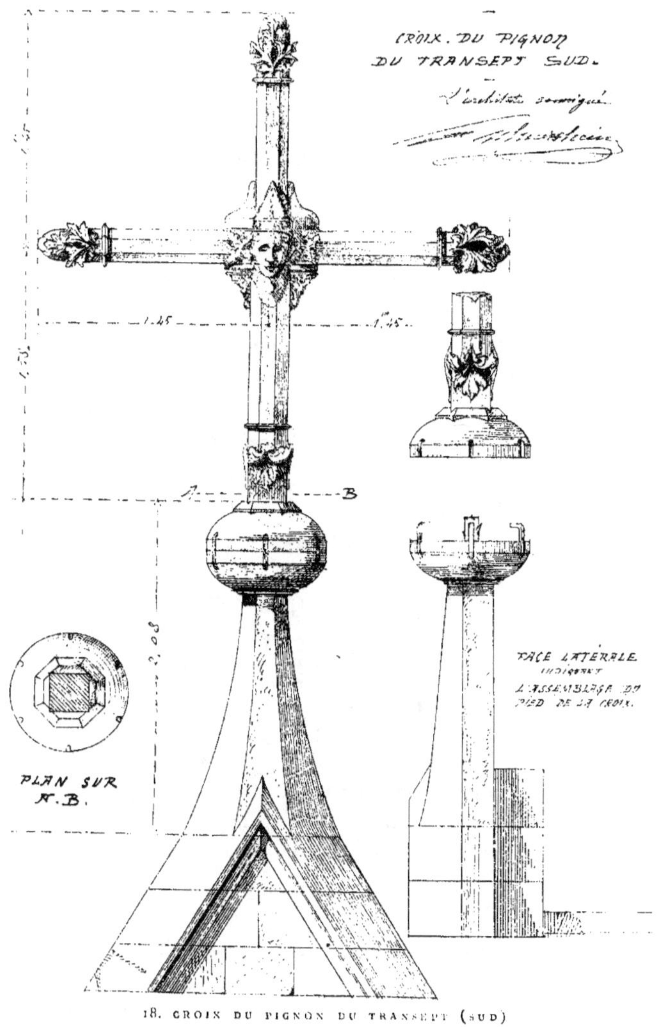

18. CROIX DU PIGNON DU TRANSEPT (SUD)

pelle, un arc-boutant d'une grande légèreté maintenant la poussée
des voûtes du chœur.

Les deux premières travées du nord sont aussi contre-butées par
un contrefort à retraits, où nous voyons une gargouille représentant
un clerc de la basoche, légèrement vêtu de son haut-de-chausses, les
pieds nus, la tête couverte de son capuchon ; sa physionomie hébétée
indique qu'il est légèrement ému, et sur le point de soulager son
estomac (19).

LE POURTOUR DU CHŒUR

SUR SES DEUX FACES LATÉRALES

Les faces latérales du chœur se composent de deux travées,
proportionnées au nombre des chanoines de cette collégiale.

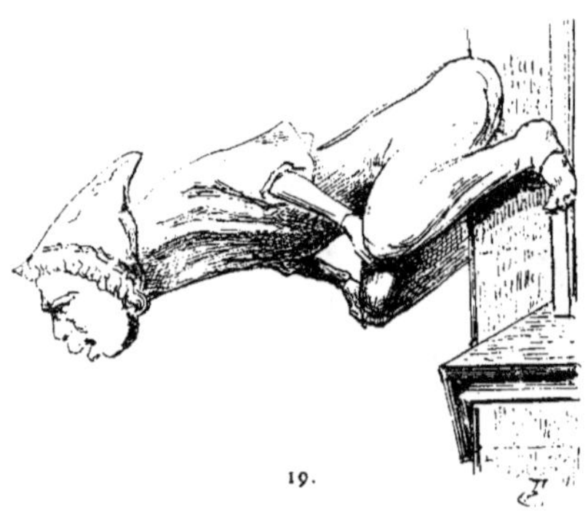

19.

La première fenêtre
est divisée en deux par-
ties par deux arcades
ogivales renfermant
quatre lancettes sur-
montées de deux trèfles,
sur lesquels s'élève une
rose à quatre lobes.

La deuxième fe-
nêtre est disposée de
la même manière, à
l'exception de la qua-
trième lancette, qui est complètement murée par le passage de la
tourelle de l'escalier des combles. Sur ce mur sont représentés par
application tous les meneaux correspondant à la décoration de
cette fenêtre.

Ces fenêtres, comme celles de la nef et des transepts, sont
couronnées d'archivoltes qui s'élèvent jusqu'à la rencontre des
chéneaux et de la galerie des combles.

Extérieurement, la tourelle de l'escalier, par sa forme, ses
dispositions architecturales et son élégance, rompt avec avantage
l'uniformité des grandes fenêtres. Elle se divise, à chaque retrait,
par plusieurs faisceaux de pinacles surmontés de choux fleuronnés.

Le premier pilier des chapelles latérales s'élève en ressauts avec
pinacles jusqu'à la hauteur des combles et remplit la fonction de
soutenir la voûte des chapelles auxquelles il est appliqué. Il reçoit

20.

en même temps l'arc-boutant des grandes voûtes du chœur. Celui-ci,
par de savantes combinaisons de force et de rectitude, mérite à lui
seul une description très détaillée.

Cet étai est composé de pierres posées bout à bout et acquérant
ainsi la qualité d'un simple étai de bois. Ce n'est plus par la charge

que l'arc conserve sa rigidité, mais par l'assemblage de son appareil. Ici la butée n'est pas obtenue au moyen de l'arc, mais par l'étai de pierre, dont la flexibilité est d'ailleurs neutralisée par l'horizontale et le cercle tréflé, qui n'est là que pour empêcher l'étai de fléchir (20).

« Merveilleuses combinaisons géométriques, très savantes, qui sont aussi bonnes à étudier qu'elles sont mauvaises à suivre. » (*Viollet-le-Duc*, t. I, p. 76.)

La retombée de l'arc-boutant repose sur une console où se trouve une figure accroupie, la tête appuyée sur la main droite, dont l'avant-bras repose sur le genou de la jambe droite, le bras et la main gauches appuyés sur le genou de la jambe gauche.

Cette attitude pleine d'aisance, cette jeune figure souriante, avec le regard élevé vers l'édifice, semble jeter un défi à l'immortalité, en regardant l'arc-boutant sous lequel il repose avec tant de confiance et de sécurité (21). Cette audacieuse témérité nous ferait croire, comme le dit **M. Babeau** dans sa savante notice de Saint-Urbain, que nous sommes en présence de l'architecte de l'œuvre; d'autant plus qu'elle est la seule figure sculptée sous les consoles des arcs-boutants.

Les tourelles des escaliers des combles sont divisées, en hauteur, en trois retraits et décorées sur les angles par des aiguilles; des gables fleuronnés occupent la base de la pyramide qui s'élève à moitié de la hauteur des combles (22).

La tourelle du nord porte au sommet de son contrefort une gargouille remarquable, que nous donnons ici, en détail. La figure représente un personnage en costume de l'époque portant une

22. TOURELLES DES ESCALIERS DES COMBLES

potiche dont la goulette est formée d'une tête de lézard. La gueule,
entr'ouverte, est maintenue par la main gauche du personnage pour
faciliter l'écoulement des eaux (23).

TRÉSOR ET SACRISTIE

Extérieurement, le trésor, au nord, et la sacristie, au midi, sont
construits entre le dernier contrefort des chapelles et le premier
contrefort du sanctuaire. Tous deux sont
couverts par un dallage à ressauts; ce
dallage, en pierre dure, est à pans et la
partie supérieure se termine au nord par

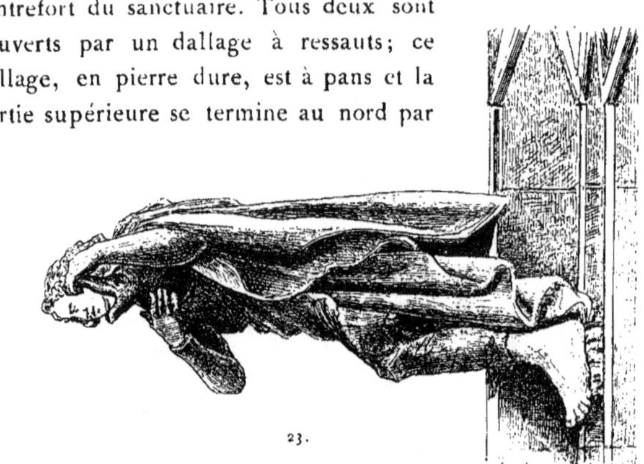

23.

un petit édicule rond et mouluré, sans sculpture, et au midi par
un autre édicule carré avec trilobe sur chaque face.

Les faces à pans des deux sacristies sont garnies de deux petites
fenêtres carrées.

Sur les angles, trois petits contreforts couronnés par des
gargouilles reçoivent les eaux de la terrasse.

Au trésor, deux des gargouilles se terminent par une tête de
lion, la troisième par une tête de bélier.

A la sacristie, il y a une tête d'homme, une tête de vieille
femme et une tête de reine.

ABSIDE

L'abside de Saint-Urbain se compose de cinq travées appuyées de contreforts, terminées à la hauteur des combles par des aiguilles couronnées de fleurons.

Depuis la galerie des chéneaux jusqu'à la naissance de l'arc ogival des fenêtres, les contreforts sont isolés des meneaux et permettent de circuler autour de l'abside.

Des archivoltes, entièrement détachées de la construction, prennent naissance sur des colonnettes appliquées aux angles des contreforts. Elles se développent en contournant le grand arc de la fenêtre et s'ajustent sur un gable décoré d'un trèfle qui s'applique à la balustrade des combles en remplissant les fonctions d'un lien de charpente. Le fleuron du gable pénètre dans la balustrade, et la pointe du gable est prise dans un seul morceau de pierre, pour éviter toute chance de déversement. La balustrade est découpée à jour par une suite de trèfles, alternativement droits et renversés, de même qu'aux deux transepts.

Des cercles, décorés de crochets, évidés à jour, occupent les écoinçons formés par les pignons et les contreforts. Ils sont chargés de maintenir les chéneaux et la galerie dans toute la longueur de leurs portées.

GALERIE DU SANCTUAIRE

Nous présentons ici une élévation des fenêtres du triforium.

Elles sont divisées en trois lancettes par une aiguille légère fleuronnée montant jusqu'à l'appui de la galerie.

Ces trois lancettes trilobées sont surmontées d'un gable dans lequel est un trilobe, et dont les rampants, chargés de fins crochets, s'élèvent avec leurs fleurons jusqu'à l'appui de la balustrade. Celle-ci se compose de trèfles reliés dans leur ensemble par de petits cercles. Cette décoration, taillée à jour dans une seule pierre, est bien supérieure à celle des fenêtres de la nef, par l'élégance, la délicatesse et le fini de la forme (24).

En tête des lancettes, un trèfle renversé entre les gables et les aiguilles est chargé de supporter le chéneau dans toute sa longueur.

Ici, nous laissons à notre grand et regretté maître Viollet-le-Duc le soin de décrire la merveilleuse combinaison architecturale de ce splendide monument.

« L'architecte de l'église Saint-Urbain a été fidèle à son principe dans toutes les parties de sa construction. Il a compris que dans un édifice aussi léger, bâti avec des moellons et des dalles, il fallait laisser à ces claires-voies une grande liberté de mouvement pour éviter des ruptures; aussi n'a-t-il engagé ces dalles que dans des feuillures qui permettent à la maçonnerie de tasser sans briser les délicates clôtures ajourées qui remplacent les murs. On voit, en examinant les chéneaux, qu'ils sont libres, réduits presque au rôle de gouttières, et qu'en supposant même une brisure, les infiltrations ne peuvent causer aucun préjudice à la maçonnerie, puisque ces chéneaux sont suspendus sur le vide. en dehors, au moyen de gables ajourés. Il fallait être hardi pour concevoir une construction de ce genre; il fallait être habile et soigneux pour l'exécuter; tout calculer, tout prévoir et ne rien laisser au hasard; aussi, cette construction, malgré son excessive légèreté, malgré l'abandon et des réparations inintelligentes, est-elle encore solide après cinq cent quatre-vingt-dix ans de durée. L'architecte n'a demandé aux carrières de Tonnerre que des dalles, ou tout au plus des bancs de 30 centimètres d'épaisseur, d'une grande dimension il est vrai, mais d'un poids assez faible; il évitait ainsi la dépense la plus forte à cette époque. celle du transport. Quant à la main-d'œuvre, elle est considérable; mais ce n'est pas alors ce qui coûtait le plus. L'église de Saint-Urbain est certainement la dernière limite à laquelle la construction de pierre puisse atteindre, et, comme composition architectonique, c'est un chef-d'œuvre. » (*Viollet-le-Duc,* t. IV, p. 192.)

A la hauteur des voûtes de l'abside et à celle de la galerie inférieure, les contreforts sont percés pour donner issue aux eaux pluviales, au moyen de gargouilles qui se présentent sous différentes formes bizarres et variées; on y voit un personnage qui vomit l'eau par la bouche (25): plusieurs animaux de fantaisie; enfin, au sud, une truie qui allaite trois petits cochons.

FENÊTRE ET PIGNON DE LA FAÇADE

Par suite de la construction des trois porches, la description

24. FENÊTRE DU TRIFORIUM

que nous avons donnée de la façade principale de Saint-Urbain n'a
pu comprendre la grande fenêtre et le pignon, qui étaient à ce
moment en construction; aujourd'hui, nous pouvons décrire cette
œuvre grandiose, qui complète d'une manière magistrale l'ensemble
de ce bel édifice par le caractère propre et distinctif qu'a su lui
donner l'habile et savant architecte de ce monument.

Au-dessus du grand portail, en retrait sur la galerie ou la plate-forme du porche, s'élève la grande fenêtre occidentale, qui se compose dans son développement en largeur de six lancettes trilobées surmontées de cinq roses à quatre lobes dont les extrémités sont décorées de feuillages. Dans les angles ou écoinçons de ces rosaces sont des trèfles complétant l'ensemble de la décoration de ce tympan occupant en largeur une surface complète-ment vitrée de 7^m,84 et en hauteur de 9^m,50.

En avant de l'arc-formeret qui bute la grande voûte de la première travée de la grande nef est une claire-voie ajourée établie à la même distance qu'aux deux transepts.

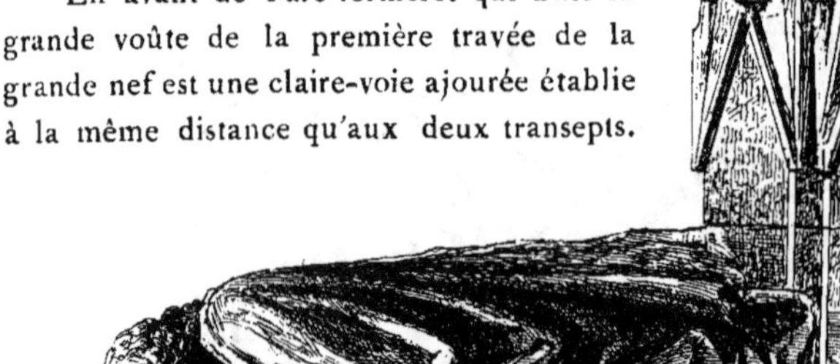

25.

Elle se compose de trois arcades ogivales reposant sur deux colonnes isolées, s'appuyant latéralement sur les deux contre-forts d'angles de la façade qui sont surmontés de clochetons décorés de fleurons.

A la naissance des trois ogives s'élèvent trois gables dont les centres sont ajourés et occupés par un trilobe. Ces trois arcs s'appliquent à la balustrade décorée de trèfles droits et renversés pour épauler et maintenir la raideur du chéneau, et empêcher sa brisure ou son déversement.

Dans les écoinçons des gables, des cercles ornés de trilobes fleuronnés s'appliquent aussi à la balustrade et contribuent dans l'ensemble à la fixité de cette remarquable combinaison.

Au-dessus de ce magnifique portail s'élève un élégant pignon profilé d'un larmier et, au centre, est une ouverture ogivale composée

de trois lancettes taillées en biseau, symétriquement conforme aux
ouvertures des deux transepts; il en sera de même pour la grande
croix monumentale du couronnement, suivant le projet de
M. Selmersheim.

LE CLOCHER

A l'intersection des combles de la nef et des transepts, s'élevait
jadis un élégant clocher qui dépassait en hauteur le faîtage de
quatre-vingts pieds, sans y comprendre la croix, qui en avait quinze
et qui était d'un travail admirable. (Arnaud, *Voyage archéologique.*)

En juillet 1560, la foudre frappa le clocher de Saint-Urbain et
y fit de graves dégâts. Les chanoines proposèrent alors de l'abattre,
mais ce projet ne fut pas exécuté.

En août 1587, la foudre tomba sur ce clocher, abattit deux
chevrons et le découvrit entièrement. En 1650, on le vit encore
frappé par le tonnerre, qui y causa de grands dommages.

Le 18 juillet 1660, le même événement se produisit une quatrième fois et ne fit qu'enlever quelques ardoises. Enfin, le 30 août
1761, deux chevrons des ardoises furent brisés; la foudre fracassa la
couverture. Le chapitre, dans la crainte d'un pareil accident, se
détermina à faire raser le clocher au-dessus des cloches. Les réparations nécessaires pour mettre en état le clocher n'auraient pas
coûté plus de 1,340 livres : le chapitre décida, à la pluralité des
voix, qu'on en dépenserait 2,030 pour le raser au-dessus des cloches.
(Inventaire du 2 août 1790; *Archives de l'Aube,* I. Q. 336.)

La flèche tronquée qui dépare aujourd'hui l'église Saint-Urbain,
qualifiée avec raison de panier à mouches, est à la veille de
disparaître. M. Selmersheim étudie en ce moment un projet qui
rappellera avec éclat la regrettable flèche du moyen âge.

La cloche. — La cloche de Saint-Urbain est une de celles qui
furent transportées au dépôt général des cloches à l'abbaye de Saint-
Loup, pendant la Révolution de 1789. Après la tourmente, elle fut
sans doute achetée par les marguilliers de l'église Saint-Urbain et
placée à la fenêtre des combles du transept, au midi, pour appeler
les fidèles à la prière.

L'inscription de cette petite cloche nous apprend qu'elle fut fondue pour l'église de Semoine, commune de l'arrondissement d'Arcis-sur-Aube, et donnée à cette église en 1630, par Daunayt, écuyer, seigneur de Rhèges et de Vertilly et Avon, parrain, et par Marie Dufébure, dame de Rhèges, marraine. Elle fut bénite par Nicolas Thomas, curé de Semoine et de Champgrillet.

26.

Sur la robe de la cloche est le blason du parrain surmonté d'un heaume à lambrequin, coupé au 1 à trois étoiles, deux en chef et une en pointe, au 2 d'une rose à cinq pointes. Accolé au blason de la marraine, à trois croix ancrées, deux en chef et une en pointe (26).

† EN LAN 1630 DU TEMPS DE M^{RE} JEAN DE GAVLLARD
ECVIER SEIGNEVR DE CHANGRILLIET & RICHEBOVRT
EN PARTIES JE ESTE FAICTTE ET NOMMEE MARIE
PAR M^{RE} CLAVDE DAVNAYT ESCVIER SEIGNEVR
ET CHEVALLIER DE REGE DE VERTILLY & AVON
EN PARTIES & PAR DAMOISELLE MARIE DVFEBVRE
DAME DE REGE EN PARTIES ET BENISTE PAR
M^{RE} NICOLAS THOMAS CVRE DE SEMOINE & DE
CHANGRILLIET [1].

INTÉRIEUR — LA GRANDE NEF

Le cardinal Ancher, après avoir épuisé toutes ses ressources, mourut le 3 novembre 1286; il fut inhumé à Rome, dans l'église de Sainte-Praxède, où l'on voit aujourd'hui son tombeau.

A la suite de ce décès, les travaux de l'église restèrent en suspens, malgré les appels réitérés que firent l'archevêque de Sens, l'évêque de Langres et les évêques des diocèses limitrophes.

Puis, quelques conflits judiciaires, des hésitations sans nombre, que légitimaient les difficultés du passé, eurent pour résultat que les travaux furent reculés jusqu'en 1389, où Pierre d'Arcis, évêque

---

1. Nous devons ce blason et ce fac-similé à l'obligeance de M. O. Jossier, curé de l'église Saint-Urbain.

TROYES. ÉGLISE SAINT URBAIN 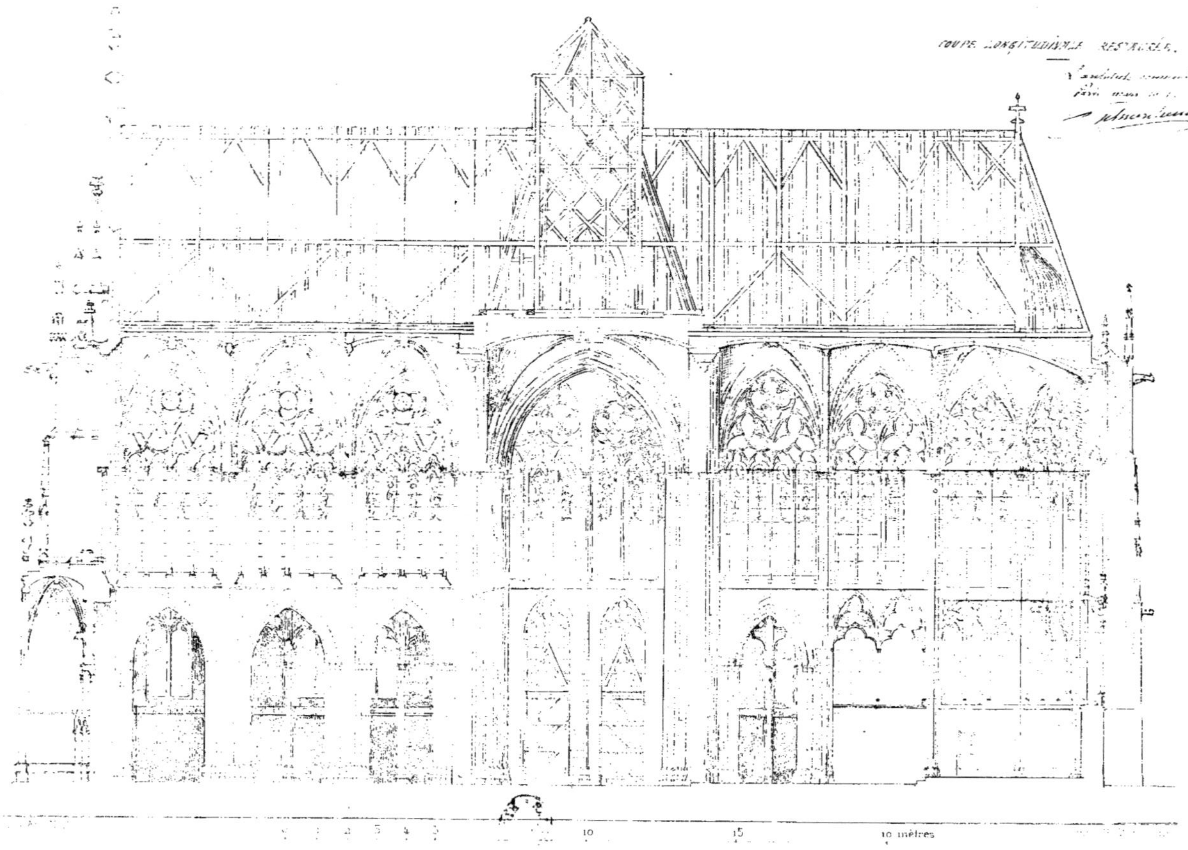
COUPE LONGITUDINALE RESTAURÉE.
COUPE LONGITUDINALE
10 mètres

de Troyes, célébra la consécration solennelle du maître-autel et
de l'église Saint-Urbain. C'est probablement à la suite de cette grande

cérémonie que l'évêque
de Troyes fit fermer le
grand portail inachevé,
renonça définitivement
à la construction des
deux tours, en faisant
construire les premiers
piliers de la nef; en
outre, il fit couvrir les
travaux si longtemps en
souffrance par une char-
pente couverte en tuiles
sur toute la nef et les
bas côtés, et par un ap-
pentis sur les deux portes
latérales et le grand por-

27.

tail. Cet état de pauvreté et de délabrement dura jusqu'en 1898,
époque de la reconstruction du nouveau portail.

Les deux premiers piliers de la nef frappent le regard par la
simplicité de leur construction et leur caractère architectural du
XIVe siècle, si peu d'accord avec l'ensemble de l'édifice; ce sont
simplement des arêtes saillantes qui remplacent les colonnes qui
suivent les courbes de l'ogive en s'appuyant au chapiteau des
piliers du XIIIe siècle qui leur font suite.

La décoration intérieure est, en général, des plus simples; il
n'existe de sculptures qu'aux chapiteaux, et encore ceux-ci sont-ils
courts et sans élégance, avec des tailloirs maigres et sans caractère.
Mais, en échange, les bouquets de feuillage qui les décorent sont
exécutés avec soin et distribués avec goût; fleurs que nous rencon--
trons, çà et là, au bord des chemins, dans les champs, sur les étangs
et dans nos jardins. Nous reconnaissons dans ces plantes le nénu-
phar (27), le lierre, le fraisier et le figuier, l'aubépine, le chêne,
l'érable que nous allons rencontrer dans les bas côtés et le transept.

VERRIÈRES DE LA FENÊTRE OCCIDENTALE
DU GRAND PORTAIL.

Cette grande fenêtre occupe toute la largeur de la façade. Elle se compose de six lancettes ogivales trilobées, surmontées de trèfles et de roses à cinq lobes [1].

1re *lancette*. — Saint Valérien (28).

2e *lancette*. — Saint Louis, roi de France.

3e *lancette*. — Saint Urbain Ier, pape.

4e *lancette*. — Bienheureux Urbain IV, pape.

5e *lancette*. — Saint Thomas d'Aquin.

6e *lancette*. — Sainte Cécile (29).

Dans le tympan, en haut. — Le Saint-Esprit.

Au-dessous, première rangée, 1er *médaillon.* — Urbain IV offrant la couronne des Deux-Siciles au roi saint Louis.

2e *médaillon.* — Saint Thomas d'Aquin lit au pape Urbain IV l'office du Saint-Sacrement, qu'il vient de composer.

Deuxième rangée, 1er *médaillon.* — Le pape Urbain Ier baptise saint Valérien dans les catacombes.

2e *médaillon.* — Notre Seigneur donnant à saint Pierre les clefs du royaume des cieux.

3e *médaillon.* — Saint Urbain Ier veille sainte Cécile morte.

Les bordures de ces six baies sont composées des armes de France et du Chapitre de Saint-Urbain, entremêlées, telles qu'elles existent dans le sanctuaire.

VERRIÈRES DES GRANDES FENÊTRES AU NORD

Les fenêtres de la nef se divisent en quatre lancettes comme

---

1. Voici la liste des donateurs du vitrail à six lancettes du portail, dont les noms sont au bas des panneaux :

Saint Valérien : **M. Vital**, entrepreneur.

Saint Louis : **Mme Ve Vivien-Bertrand**.

Saint Urbain Ier : **M. le curé O.-F. Jossier**.

B. Urbain IV : Souscription paroissiale.

Saint Thomas d'Aquin : **M. E. Didron**, peintre-verrier.

Sainte Cécile : Les employés, fournisseurs et ouvriers de l'église.

celles du chœur; dans le sommet du tympan elles se complètent

28. SAINT VALÉRIEN

29. SAINTE CÉCILE

par deux trefles et une rose. Les verrières de ces trois travées sont
destinées à représenter les principaux saints de l'ancien diocèse de

Troyes, dont voici la nomenclature en commençant par la gauche.

PREMIÈRE FENÊTRE (côté nord). — *Apôtres et Martyrs.*

1. Saint Oulph.
2. Saint Savinien.
3. Saint Baussange.
4. Saint Lupien.

Médaillon du tympan. — Un aigle tenant dans son bec, par les cheveux, la tête de saint Lupien.

DEUXIÈME FENÊTRE. — *Saintes Vierges, martyres.*

1. Sainte Savine.
2. Sainte Germaine.
3. Sainte Maure.
4. Sainte Beline.

Médaillon du tympan. — Sainte Germaine ayant sa cruche près d'elle et tenant un crible.

TROISIÈME FENÊTRE. — *Confesseurs.*

1. Saint Lyé.
2. Saint Vinebaud.
3. Saint Prudence.
4. Saint Bernard.

Médaillon du tympan. — Saint Bernard prêchant la croisade.

PREMIÈRE FENÊTRE (côté sud). — *Apôtres et Martyrs.*

1. Saint Potentien.
2. Saint Parres.
3. Saint Claudien.
4. Saint Mesmin.

Médaillon du tympan. — Saint Parres portant sa tête dans ses mains.

DEUXIÈME FENÊTRE. — *Saintes.* — *Vierges martyres; veuve.*

1. Sainte Jule.
2. Sainte Syre.
3. Sainte Tanche.
4. Sainte Mathie.

Médaillon du tympan. — Sainte Mathie distribuant du pain
aux pauvres.

TROISIÈME FENÊTRE. — *Confesseurs.*

1. Saint Loup.
2. Saint Phal.
3. Saint Frobert.
4. Saint Adérald.

Médaillon du tympan. — Saint Loup arrêtant Attila.

BAS CÔTÉ SEPTENTRIONAL

CHAPELLE DES FONTS

La première travée de ce bas côté est occupée par la chapelle
des fonts baptismaux, dont la décoration n'est que provisoire. Près
de l'autel, à gauche, est placée la cuve baptismale qui avait été
acquise, lors de la démolition de l'église Saint-Jacques-aux-
Nonnains, par un maître maçon de Troyes, nommé Chanté, qui la
vendit à M. Vincent, boulanger, rue de l'Hôtel-de-Ville, à l'angle
de la petite rue Gambey, pour en faire une margelle de puits
dans la cour de sa maison. Elle fut défoncée et servit à cet usage
jusqu'en 1849, époque où le propriétaire vendit sa maison pour
habiter la rue Notre-Dame, au coin de la rue de la Petite-Tannerie.
En quittant son ancien domicile, il la donna à l'église Saint-Urbain,
sa nouvelle paroisse, où elle fut rendue à son ancienne destination.

Cette cuve intéressante passait depuis longtemps comme étant
celle où Urbain IV fut baptisé. Cette erreur, qui s'était répandue
dans le peuple sans aucun fondement réel, est réfutée par le caractère architectural du petit monument, qui appartient certainement
au xve siècle[1].

Quant à l'inscription latine citée par Arnaud dans le *Voyage
archéologique*, page 196, elle n'appartenait pas à l'église Saint-

---

1. Il se pourrait que ce fût l'ancien bassin en cuivre contenu dans la cuve de
l'église Notre-Dame-aux-Nonnains, qui ait été transporté dans le baptistère de
l'église Saint-Jacques, après la construction de ce monument, dans les premières
années du xve siècle. Ce qui répondrait à toutes les objections.

Jacques, mais à l'église Notre-Dame, où le pape Urbain IV fut baptisé.

La forme de cette cuve est octogonale et elle est décorée, sur les angles, par de petits pinacles terminés en pointe par des crochets et

30. CUVE BAPTISMALE DU XVe SIÈCLE.

des fleurons; la bordure actuelle, toute moderne, est ornée de filets et de gorges.

Sur les faces de la cuve sont deux arcs en contre-courbes décorées de crochets et de fleurons, soutenues au centre par un cul-de-lampe.

Dans cette arcature, très mutilée, sont plusieurs sujets en ronde-

bosse : le premier panneau représente le baptême de Jésus-Christ
par saint Jean, qui verse l'eau sainte sur la tête de Jésus ; derrière le
Sauveur est un ange portant ses vêtements ; le Sauveur est plongé dans
l'eau du Jourdain, jusqu'à la ceinture. Le Saint-Esprit, qui descendit
du ciel, était placé au-dessus de la tête de Jésus, comme l'indique
aujourd'hui la partie
lisse (30).

A droite, le couron-
nement de la Vierge par
Jésus. En suivant, saint
Christophe portant l'en-
fant Jésus sur son épaule
gauche. Sur toutes les
faces suivantes sont les
apôtres, posés deux à
deux, tellement mutilés
qu'il est impossible d'en
déterminer les noms. Ce-
pendant, dans le nombre
on peut en reconnaître
quelques-uns par les in-
struments de supplice
qu'ils portent dans leurs

31.

mains. Ceux-ci représentent saint Pierre et saint Paul ; sur la face, à
gauche, saint Thomas, saint André et saint Jean.

Il ne reste plus rien sur la face postérieure, les apôtres ont été
enlevés et complètement supprimés pour placer la cuve contre le
mur de la cour du boulanger. Le socle du petit monument et la
bordure de la cuve ont été exécutés en même temps que le couvercle
gothique en bois par Valtat, maître menuisier-sculpteur à Troyes.

VERRIÈRES DE LA PETITE PORTE SEPTENTRIONALE
DU GRAND PORTAIL

Il est bon de faire observer que dans l'établissement de ces nouvelles verrières, on a eu le soin de conserver tous les anciens fragments et tous les sujets qui pouvaient avoir un certain intérêt provenant des panneaux des anciennes verrières.

32.

1er *panneau*. — Urbain IV institue la Fête-Dieu. Le Pape, au pied de l'autel, tient une monstrance. A ses côtés, deux anges agenouillés encensent (31).

2e *panneau*. — Urbain IV fonde l'église Saint-Urbain ; il porte dans ses deux mains une partie de l'édifice. Dans le fond, une vue de la cathédrale de Troyes (32).

Fond de la fenêtre en vitrerie losangée, neuve ; ornementation architecturale en grisaille du xvie siècle, dans les têtes des lancettes.

Tympan : Nativité, en grisaille, avec parties colorées du xvie siècle représentant Dieu le Père.

VERRIÈRES DE LA PETITE PORTE MÉRIDIONALE DU GRAND PORTAIL

1er *panneau*. — Le cardinal Ancher, portant dans ses mains une autre partie de l'église. Il est agenouillé devant la statue de saint Urbain posée sur un autel ; dans le lointain, l'église Saint-Remi de Troyes (33).

2e *panneau*. — Le cardinal Ancher prie auprès du tombeau de sainte Praxède.

Fond de la fenêtre en vitrerie losangée, neuve ; ornementation architecturale en grisaille du xive siècle, dans les têtes des lancettes.

Tympan. — Nativité, en grisaille, avec parties colorées du XVIᵉ siècle; exécution très médiocre.

VERRIÈRES DU BAS CÔTÉ NORD

PREMIÈRE FENÊ-
TRE. — 1ᵉʳ *panneau*. —
Baptême d'Urbain IV en présence de ses père et mère. On a reproduit dans cette scène, malgré qu'elle soit d'une époque postérieure, la

33.

cuve qui existe encore à Saint-Urbain, de Troyes (34).

2ᵉ *panneau*. — Première communion du pape Urbain IV.

Tympan. — En grisaille. Fond de la fenêtre en mosaïque colorée avec têtes grotesques du XIVᵉ siècle. Ces têtes sont anciennes dans le haut des lancettes.

DEUXIÈME FENÊ-
TRE. — 1ᵉʳ *panneau*. — Le père d'Urbain, après son travail, fait la lecture à sa famille; près de lui, son établi et ses instruments (35).

34

2e *panneau.* — La mère d'Urbain file sa quenouille ; elle a son enfant près d'elle.

Fond de la fenêtre en vitrerie losangée, neuve.

Tympan. — Anges musiciens du xvie siècle ; très belle exécution.

TROISIÈME FENÊTRE. — 1er *panneau.* — Étudiant, Urbain chante de la musique religieuse.

2e *panneau.* — Devenu prêtre, Urbain prêche à la cathédrale de Troyes, devant une nombreuse assistance.

Fond de la fenêtre en grisaille neuve, style du xive siècle. Anges tenant des couronnes, du xive siècle, dans les têtes de lancettes.

VERRIÈRES DU BAS CÔTÉ SUD

PREMIÈRE FENÊTRE. — 1er *panneau.* — Grand archidiacre de Laon, Urbain reçoit ses pouvoirs de l'évêque. Dans le fond du sujet on voit la cathédrale de Laon.

2e *panneau.* — Évêque de Verdun, Urbain reçoit des échevins les clefs de la ville.

Fond de la fenêtre en grisaille du xive siècle.

DEUXIÈME FENÊTRE. — 1er *panneau.* — La bienheureuse Julienne, dans un couvent de Liège, a en vision la lune, à laquelle il manque un fragment. Cette révélation lui indique l'absence d'une fête dans l'Église.

2e *panneau.* — Deux compagnes de la bienheureuse Julienne prient pour que le pape institue la Fête-Dieu.

Fond de la fenêtre en grisaille du xive siècle, neuve dans les parties droites, ancienne dans les têtes de lancettes.

TROISIÈME FENÊTRE. — 1er *panneau.* — Une sœur du pape Urbain IV, abbesse de Montreuil, près Laon, prie devant une image de la Sainte Face pour obtenir l'institution de la Fête-Dieu.

2e *panneau.* — Le miracle de Bolsène affirmant la Présence réelle dans le sacrement de l'Eucharistie.

Même fond général pour ces deux dernières fenêtres.

LES TRANSEPTS — MONUMENT FUNÈBRE

Les transepts du nord et du midi sont éclairés par de larges fenêtres divisées en six lancettes dans leur largeur, dont les meneaux en ogives s'ajustent avec des trèfles et des quatre-feuilles qui en occupent le tympan.

Au trumeau de la porte latérale du nord est encastré dans le mur un grand bas-relief en pierre, représentant une figure de femme couchée sur une dalle funéraire, portée sur deux consoles décorées de mufles de lion ayant deux anneaux dans les dents. Entre les deux socles est un mas-caron enveloppé de dra-peries qui reposent sur

35.

une guirlande de fleurs et de fruits fixée au cadre du sarcophage, décoration qui nous rappelle la Renaissance italienne.

Sur le cadre qui entoure le monument est un blason de même style, chargé d'un griffon ailé, appartenant, d'après Grosley et Cour-talon, à la famille Cauchon-Maupas, ancienne maison de Champagne.

Ce blason, quoique mutilé depuis la Révolution, laisse encore assez de traces pour justifier l'exactitude de nos deux historiens.

Il est accompagné de guirlandes de fruits et surmonté d'une palmette qui en fait le couronnement.

Cette belle figure de femme, d'un réalisme remarquable, est représentée couchée sur un sarcophage, la tête appuyée sur le bras gauche, la main droite posée sur le bord d'un tombeau. On voit que l'auteur n'a pas voulu rendre un cadavre, mais, comme l'indique le phylactère qui se développe au-dessus d'elle, une femme qui repose avec calme et confiance dans la mort, jusqu'à l'appel du jugement universel.

La beauté, la vigueur et la chaleur entraînante de l'exécution en font une œuvre de premier ordre, que nous croyons devoir attribuer à l'école de Dominique le Florentin.

A partir de l'épaule droite de la défunte est une banderole sur

16.

laquelle nous lisons ce passage de l'Écriture, avec la date de l'exécution de ce monument :

DIMITTE ME PAVLVLVM VT QVIESCAM DONEC
OPTATA VENIAT DIES · 1570.

Laissez-moi reposer un peu jusqu'à ce que vienne le jour désiré. Job XIV. 6.

Dans le transept nord, au pilier d'angle de l'arc doubleau de la chapelle Saint-Joseph, les chapiteaux des colonnes prennent une certaine importance de richesse et d'exécution. Non contents de fixer

leur inspiration sur le développement et l'épanouissement de la
fleur, les artistes de la fin du xiiie siècle y ajoutent des petits oiseaux
fantastiques et des espèces de lézards à grosse tête qui s'abritent
et se jouent dans les feuillages des bouquets d'aubépine qui en font
l'ornement (36). Il en est de même pour deux ou trois chapiteaux de
la nef et des bas côtés.

En suivant, les chapiteaux des petites colonnes des nervures
de la voûte se décorent de bou-
quets de fraisiers et de trèfles
interprétés (37).

Avant la restauration des verrières, toutes les fenêtres étaient
simplement vitrées en grisaille
avec bordure de couleurs variées.
Ces lancettes étaient décorées de
fleurons et d'arabesques courants.

Dans la fenêtre occidentale
de ce transept est une verrière
représentant Jésus crucifié. Cette
peinture du xvie siècle était une
restauration qui occupait la fenêtre
centrale du sanctuaire. Ce vitrail
étant complètement en désaccord

37.

avec l'ensemble des verrières du xive siècle, il fut décidé qu'on le
déplacerait, pour le remplacer par une verrière complètement en
harmonie avec l'ancienne verrière du chœur.

Aujourd'hui, ce vitrail du xvie siècle a été placé dans cette
lancette comme moyen de conservation.

Depuis la remise en plomb de toutes les verrières du transept,
il fut décidé, par M. le curé et l'architecte, qu'on y ajouterait une
rangée de personnages représentant les apôtres, pour faire suite à la
disposition générale des verrières du chœur.

Ces grands travaux artistiques furent confiés à M. Edouard
Didron, peintre verrier, à Paris, qui s'en acquitta avec une sagacité
et un talent remarquables.

VERRIÈRE DU TRANSEPT, CÔTE NORD

1re *lancette*. — Saint Pierre tenant une petite croix et ses deux clefs (38).

2e *lancette*. — Saint Paul tenant un livre et une épée.

3e *lancette*. — Saint André portant la croix en X de son supplice.

4e *lancette*. — Saint Jacques, un bourdon à la main, sur la tête un chapeau couvert de coquilles.

5e *lancette*. — Saint Jean, un calice à la main.

6e *lancette*. — Saint Thomas, tenant une équerre de ses deux mains.

Dans les roses du tympan :

A gauche, Jésus apparaissant à saint Martin.

A droite, saint Martin ressuscitant un mort.

En haut, saint Martin donnant une partie de son manteau à un pauvre.

VERRIÈRE DU TRANSEPT, CÔTE SUD

1re *lancette à gauche*. — Saint Jacques le Mineur, tenant une massue.

2e *lancette*. — Saint Philippe tenant une petite croix de roseau.

3e *lancette*. — Saint Barthélemy tenant un couteau.

4e *lancette*. — Saint Mathieu tenant un livre et une pique.

5e *lancette*. — Saint Simon tenant une scie.

6e *lancette*. — Saint Mathias tenant une hache (39).

Dans les roses du tympan :

A gauche, saint Jean écrivant son Évangile.

A droite, saint Jean donnant la communion à la Sainte Vierge.

En haut, saint Jean dans la chaudière d'huile bouillante [1].

---

1. Toutes les grandes figures des verrières, du portail, de la grande nef, des transepts et du chœur, ainsi que les petits sujets des bas côtés et des chapelles, sont des reproductions faites sur les dessins originaux de M. Ed. Didron, l'habile peintre verrier de Saint-Urbain, qui a bien voulu nous confier ces dessins pour les reproduire dans notre ouvrage.

Nous remercions ici notre ami de sa générosité et de l'intérêt qu'il porte à la réussite de notre publication.

CI · GISENT · FELIS · LI · GRAS · DE · CLAVCHIGNI · BORIOIS · DE · TRO IS · ET
IEHANNE · SA · FEMME · LI · QVEL · FELIS · TRESPASSA · LAN · DE · GRACE · M · CCC · IIII ·
LES · QVELZ · ONT · FONDE · EN · CESTE · ESGLISE · I · I · MESSE · QVE · LEN · CHANTE · LE · DIMAN

38. SAINT PIERRE

39. SAINT MATHIAS

CHAPELLE SAINT-JOSEPH

Du côté sud, cette travée s'ouvre sur la première arcade du chœur.
L'abside de cette chapelle se développe sur la deuxième travée

du chœur; elle est de forme octogonale, et s'éclaire au nord et à l'abside par des fenêtres jumelles. Dans l'angle sud-est, la travée fermée est occupée par l'escalier de la tourelle des combles.

La première fenêtre au nord est divisée en deux lancettes trilobées répétant exactement les fenêtres des bas côtés de la nef. Elles sont décorées de verrières en grisaille, sillonnées de rubans formant des cercles et des quadrilobes coupés de losanges, avec des fleurons rouges et bleus, qui produisent un chatoiement de couleurs d'un effet très agréable à l'œil.

Toutes les lancettes des fenêtres contiennent un panneau peint représentant une légende de la vie de la sainte Vierge et de saint Joseph.

PREMIÈRE FENÊTRE. — 1er *panneau.* — *Le mariage de la sainte Vierge et de saint Joseph.* Les deux conjoints devant le grand prêtre, coiffé d'une mitre conique.

2e *panneau.* — *L'Annonciation.* — La sainte Vierge debout en présence de l'ange Gabriel. En haut du panneau, le Saint-Esprit descendant du ciel. Entre les deux figures, un vase de lis.

DEUXIÈME FENÊTRE. — 1er *panneau.* — *La Rencontre de la sainte Vierge et de sainte Élisabeth.*

2e *panneau.* — *La Nativité de Jésus.* — La sainte Vierge dans son lit. Saint Joseph assis au pied de la couchette, un bâton à la main, méditant. Un peu en retrait derrière le lit de la Vierge, un bœuf et un âne levant la tête pour réchauffer de leur souffle l'enfant Jésus placé sur un petit édicule au-dessus de la couchette.

Curieux détail, que nous avons déjà rencontré sur les verrières du
chœur de la cathédrale (40).

TROISIÈME FENÊTRE. — 1ᵉʳ *panneau.* — *L'Adoration des
Mages.*

41. LE MASSACRE DES INNOCENTS

2ᵉ *panneau.* — *Présentation au Temple.* — Saint Joseph tient
le panier de jonc où sont les deux colombes.

QUATRIÈME FENÊTRE. — 1ᵉʳ *panneau.* — *Le Massacre des
Innocents.* — Hérode, assis sur son trône. Près de lui, deux satellites exécutant ses ordres, un officier et un soldat, tenant par le
bras deux pauvres enfants qu'ils vont immoler : aux pieds du soldat.

la mère prosternée, les mains jointes, implorant la pitié des bourreaux. Panneau intact, qui a conservé tout son caractère du xiiie siècle (41).

2e panneau. — *La Fuite en Égypte.* — Marie, assise sur l'âne, tient l'enfant Jésus emmaillotté.

SCULPTURE

Sculptures. — 1° Saint Roch et son chien portant un pain dans sa gueule. A gauche, l'ange descendu du ciel pour panser sa blessure; ce dernier, avec le temps et les changements successifs, a perdu ses ailes (42).

42. SAINT ROCH, XVe SIÈCLE

Hauteur : 0^m,65.

2° Un saint religieux, le capuchon sur la tête, tenant un livre de la main droite, et un bâton de voyage ou une crosse brisée de la main gauche, les pieds dans les flammes; trop jeune pour faire un saint Antoine. Peut-être saint Odilon, abbé de Cluny, que l'on représente ainsi à cause de son zèle pour la délivrance des âmes qui souffrent dans les flammes du Purgatoire. C'est à lui que l'on doit l'institution de la fête de la Commémoration des morts (2 novembre).

3° Saint Joseph tenant l'enfant Jésus par la main, xvie siècle.

... DE LA PASSION DE N.-S. JÉSUS CHRIST

4° Saint Edme ou saint Claude, tenant une crosse. Un donateur agenouillé à ses pieds. A droite du saint, l'enfant mort qu'il a ressuscité en le bénissant de la main droite, aujourd'hui cassée.

5° Saint Jacques le majeur (43).

6° Saint Michel terrassant le dragon, fin du xv⁰ siècle[1].

7° Un saint Jean, sculpture en bois provenant d'un calvaire, xvii⁰ siècle.

8° Dans la piscine de l'autel, un *Ecce homo*, commencement du xvii⁰ siècle.

9. Au-dessus de la porte des combles. Un *Ex dono* à Notre-Dame de Bonne-Nouvelle. Petit bas-relief en pierre peinte et dorée, représentant la sainte Vierge, et trois anges, dont un a la tête brisée, en prière devant l'enfant Jésus couché sur son berceau. Ce sujet est renfermé dans un cadre, où on lit cette inscription du xv⁰ siècle :

Voyez le lieu et la saincte chapelle de nre dame de bonne novelle.

43. SAINT JACQUES

Hauteur de la statue : 0ᵐ,80.

Sur le pilastre de gauche, se voyaient jadis, les deux blasons de la famille des donateurs (44).

10° Puis un curieux calvaire provenant de l'ancien portail de la cathédrale qui avait été construit vers le milieu du xv⁰ siècle, et démoli au commencement du xvi⁰ siècle, pour faire place au grand portail actuel.

Ce bas-relief était accompagné de statues représentant les douze apôtres; deux de ces statues, saint Pierre et saint Paul, sont actuellement à l'église de Saint-Pouange, commune du canton de Bouilly. (1ᵉʳ vol., p. 459.)

1. Actuellement ces deux statuettes sont placées sur les gradins de l'autel.

Dans notre article publié il y a environ trente-cinq ans, nous avions un certain scrupule sur l'origine de ces deux statues, qui passaient dans le pays pour appartenir au portail de la cathédrale construit par Martin Cambiche; le caractère de ces deux figures, leur allure lourde et grossière nous firent douter d'une pareille provenance.

Aujourd'hui, nous reconnaissons qu'il faut être très circonspect à l'égard de nos grands historiens, qui étaient complètement ignorants des choses d'art, qui prenaient leurs affirmations dans les comptes de fabrique, sans se rendre compte

44. ECCE DONO, A NOTRE-DAME DE BONNE-NOUVELLE

que le portail de la cathédrale était construit près de trente ans après la démolition du vieux portail édifié sous l'épiscopat de Louis ou Jacques Raguier, comme l'indiquaient les deux blasons de ces deux évêques, sculptés sur la face sud, entre les grandes fenêtres de la nef, à l'extérieur du monument. Actuellement, tous ces blasons ont disparu depuis les restaurations de cette partie de l'édifice.

Ce qui ne nous empêche pas de reconnaître que ces deux statues et le bas-relief de saint Urbain sont bien des œuvres appartenant aux sculpteurs Nicolas Halins et Yvon Bachot, d'origine flamande, demeurant à Troyes, vers la dernière moitié du xve siècle.

Ce bas-relief en pierre n'est pas une œuvre d'art, tant s'en faut. Il y a cependant, dans certaines parties des groupes, des sujets offrant quelque intérêt. Mais, ce qui choque le plus dans cette composition, c'est la façon dont les règles de la perspective sont observées.

Au premier plan, les figures sont de très petites proportions, puis elles grandissent progressivement jusque sur le sommet de la montagne du Calvaire où se trouve représenté le crucifiement du Sauveur. C'est ce qu'on appelle de la perspective à rebours, qui dénote une ignorance complète des distances et des situations.

Description des sujets. — Au premier plan, à gauche, deux personnages s'entretiennent, l'un d'eux montrant Jésus ; il nous semble y voir le marché conclu entre Judas et Caïphe. A droite, Jésus chargé de sa croix, aidé par Simon, suivi par des satellites qui le frappent avec des massues. Plus à droite, saint Jean et la sainte Vierge.

Deuxième rangée. — Une sainte femme, la sainte Vierge et saint Jean. Au milieu, Jésus, les mains liées, une couronne d'épines sur la tête, présenté par Pilate à la foule des Juifs.

Troisième rangée. — A gauche, le centurion et un pharisien à cheval. Au pied de la croix, à droite, sainte Madeleine agenouillée. A gauche, Longin et un soldat tenant une lance pour percer le côté de Jésus. Au centre du sujet, Jésus crucifié entre les deux larrons. Enfin, à droite, le corps du Sauveur sur les genoux de sa mère ; saint Jean soutenant la tête de Jésus ; sainte Madeleine tenant une boîte de parfum.

Tous ces sujets sont sculptés et disposés avec une certaine naïveté.

La hauteur de ce bas-relief est de $1^m,10$, sa largeur de $0^m,75$.

LES DALLES TUMULAIRES

Chapelle Saint-Joseph. — En 1871, les travaux de restauration ont nécessité l'enlèvement provisoire d'une grande partie de ces tombes, qui auraient pu être détériorées par les ouvriers au passage de leurs pesants chariots.

Plus tard, après examen, on prit le parti de les dresser contre les murs des chapelles latérales.

Personne inconnue. — Dans la chapelle Saint-Joseph, à la première travée de droite, se dresse contre le mur la plus jolie des tombes au point de vue de la composition architecturale et décorative.

Il est probable qu'à cette époque les tombiers avaient dans leurs ateliers des dessinateurs-architectes qui étaient spécialement affectés à l'illustration de toutes ces tombes.

L'inscription funéraire qui occupait tout le pourtour de la pierre était gravée sur des lames de cuivre scellées dans la pierre.

On sait qu'après la Révolution de 89, toutes les cloches, les tombes en bronze et les inscriptions des fondations gravées sur des plaques de cuivre ont été arrachées et fondues pour faire des canons et des gros sous.

Au centre et aux quatre angles de l'épitaphe étaient les blasons de la défunte et de sa famille.

La défunte, qui porte le costume du milieu du xive siècle, est représentée couchée, les mains jointes, sous une arcature ogivale, portant la queue de sa robe traînante sur son bras gauche; un corsage ajusté sur le buste avec une ceinture au point de départ des plis flottants de la jupe. A ses pieds, un petit chien assis et appuyé sur son pied gauche, allégorie de la fidélité.

Au-dessus de l'arcature s'élève un pignon constellé d'étoiles, où deux anges agenouillés tiennent un giron dans lequel l'âme de la défunte s'enlève dans le royaume céleste.

Au-dessus du pignon est l'entablement du monument, composé de trois arcatures ; au centre est représenté Abraham, tenant l'âme de la dame défunte dans son giron. A gauche et à droite, deux anges l'encensent en fléchissant le genou.

En haut, aux angles de la pierre, deux anges, sur un groupe de nuages, sonnent de la trompe et annoncent le jugement universel.

Sur les pieds-droits de l'entablement est représentée l'absoute de l'office des morts. Au bas, dans le premier compartiment, à droite et à gauche, sont les membres de la famille; dans le deuxième,

deux chanoines en habits de chœur, dont un en chasuble et deux
diacres, et dans le troisième un diacre et sous-diacre, plus le porte-
croix et le clerc jetant l'eau bénite.

Dans les pinacles du couronnement des pieds-droits, un ange
chantant et un autre pinçant de la mandore, instrument de musique
du XIVe siècle; sur le socle des pilastres, des animaux ailés.

Cette tombe est certainement la plus remarquable de l'église
Saint-Urbain et la mieux conservée. Malheureusement nous sommes
dans une ignorance complète sur la personne qui est représentée.

Pierre. — Hauteur, 2^m,83 ; largeur, 1^m,47.

PERSONNAGES INCONNUS. — 1re *travée à gauche.* — Cette dalle
tumulaire date de la seconde moitié du XIVe siècle.

Cette tombe occupait jadis le sol de la chapelle Saint-Joseph, à
droite en entrant. L'inscription qui était gravée sur une lame de
cuivre n'existe plus.

La partie architecturale de la gravure de cette pierre a complètement disparu par le frottement des pieds.

Les personnages représentés sur cette pierre sont encore assez
visibles pour indiquer quelques détails de vêtements qui ne figurent
pas sur la tombe de Pierre d'Herbice, qui est cependant de la même
époque.

A gauche de la pierre est représenté le mari de la défunte qui
occupe la droite. La tête du personnage et les mains jointes sont en
marbre blanc incrusté dans la pierre. Il est vêtu d'un manteau à
capuchon fendu et s'ouvrant seulement sur le côté, de manière à
laisser le bras complètement libre ; ce vêtement est fermé sur l'épaule
par une suite de petits boutons, ce qui ne se voit pas dans le vêtement de Pierre d'Herbice. Les manches qui appartiennent au vêtement de dessous se boutonnent du coude au poignet. De la saignée
s'échappe une manche pendante qui servait durant les froids de la
saison d'hiver.

La robe de dessous est plus apparente que celle de Pierre
d'Herbice, les poches sont indiquées par la garniture d'un galon
s'ouvrant sur le côté.

La femme du défunt occupe le côté droit de la pierre, à la gauche de son époux. La figure est belle et bien conservée. La tête est couverte de son capuchon en pointe, et sa robe dessine parfaitement les contours de son corsage.

Les deux pieds de ces personnages reposaient sur deux chiens presque effacés.

Largeur de la pierre, 1^m,50; hauteur, 2^m,50.

2e *travée.* — **Pierre d'Herbice,** *bourgeois de Troyes.* — Cette tombe, d'une grande simplicité, n'en est pas moins une des plus intéressantes de l'église Saint-Urbain.

Elle était jadis située en travers sous la grille de communion, servant en même temps de clôture à la chapelle de la Vierge. Elle porte encore les traces du scellement de cette grille d'appui.

Ce défunt est représenté la tête nue, vêtu d'un costume nous rappelant les vêtements de l'antiquité. Il se relève sur le bras gauche et fendu sur l'épaule droite pour faciliter les mouvements du corps. La tête découverte et le capuchon du vêtement tombant sur les épaules. La robe de dessus, de fin drap, tombe droite et bien drapée. Cette robe est fendue sur le devant pour la marche, les manches sont collantes sur l'avant-bras et boutonnées jusqu'au poignet; elle est flottante à partir du coude.

Avec une pareille disposition, les jambes apparaissent couvertes de hautes chausses et les pieds de fines chaussures, attachées par un bouton sur le côté en dehors. Ces pieds reposent sur le dos d'un lévrier, symbole de la fidélité.

Cet élégant costume, qui a pris naissance au xive siècle, disparaît cent ans après.

L'élégant bourgeois est représenté couché sur un tapis couvert de branches de lierre qui forment berceau au-dessus de sa tête, et des deux côtés de ses épaules est la place des blasons qui étaient accrochés aux branches des deux arbustes.

L'ogive trilobée du mausolée est surmontée d'un gable richement orné de roses et de lancettes. Sur les rampants du gable sont des crochets fleuronnés, et à la pointe du triangle un joli fleuron.

Sur la terrasse du monument, deux anges debout encensent le
défunt, et dans leur main gauche ils tiennent une navette.

Les pieds-droits de ce tombeau se terminent en pointes par de
riches pinacles fleuronnés et se divisent en trois compartiments.
Dans celui de droite est le chanoine officiant, la tête couverte de
son aumusse; à gauche, le curé officiant; au-dessus, des deux côtés,
le diacre et le sous-diacre. En haut, à gauche, le clerc portant la
croix et le second clerc portant le goupillon et l'eau-bénitier. C'est
la cérémonie de l'absoute, office des morts chanté par tous les assistants autour du cercueil.

Des deux côtés des pieds-droits, un contrefort couronné de
pinacles; un arc-boutant maintient la poussée de la terrasse du
pignon central.

Un cadre occupe tout le pourtour de la pierre; aux quatre angles,
l'ange, l'aigle, le lion et le bœuf, attributs des Evangélistes.

Au milieu du cadre, les blasons de la famille du défunt, qui
étaient sur émail et qui n'existent plus depuis les événements de 1789.

Dans le cadre, nous lisons l'inscription suivante en lettres on-
ciales du XIV° siècle [1].

    ✠ CI·GIST·PIERRE·
    DERBICE·IADIS·BOVRGOYS·DE·TROYS·
    QVI·TRESPASSA·LAN·
    Ɱ·CCC·XLVIII·LE·LVNDI·EVANT·NOVEL·
    PRIEƷ·POVR·SAME·

Pierre. — Hauteur, 3^m,10; largeur, 1^m,20.

CHAPELLE DE LA VIERGE

Cette chapelle est absolument divisée dans les mêmes conditions
que celles de la chapelle Saint-Joseph, qui lui est parallèle.

La piscine qui est à droite de l'autel répéte exactement celle de
Saint-Joseph.

---

1. Nous devons ces caractères du XIV° siècle, ainsi que les épitaphes publiées
précédemment dans les premiers volumes, à l'obligeance de l'Imprimerie nationale.

Dans cette chapelle comme dans celle de Saint-Joseph, la décoration architecturale commence à se modifier ; les chapiteaux deviennent d'une maigreur d'exécution annonçant que nous sommes

en présence d'une nouvelle ordonnance de style ; ce sont des décorations qui prennent naissance dans ce que la végétation produit de plus simple ; arbres sauvages et épineux, qui ne se prêtent pas beaucoup à la richesse décorative. En voici un exemple (45).

Sur l'autel, qui ne nous paraît que provisoire, est une sainte Vierge de la fin du xvᵉ siècle, sculpture vraiment intéressante.

45.

Elle était, il y a quelques années, entièrement peinte ; dans ces derniers temps, on l'a passée à la lessive, et le grattoir a fait son œuvre jusque dans la profondeur des plis ; il en est résulté que la pierre blanche a pris une teinte jaunâtre des plus désagréables à la vue.

La figure de la sainte Vierge est pleine de dignité et d'élégance. Marie porte sur la tête une couronne d'où s'échappe une abondante chevelure, dont les mèches ondoyantes se déversent sur ses épaules.

La Vierge, debout sur un croissant, porte son fils assis sur son bras gauche. D'une physionomie souriante, l'enfant regarde une jeune colombe qui becquète une grappe de raisin dont il tient le cep dans sa main gauche. Cet oiseau est attaché à la patte par un ruban qui passe dans la main du petit Jésus, se prolonge et va disparaître dans la belle chevelure de la sainte Vierge.

Le manteau de la Vierge se drape en plis d'une certaine rudesse dans leurs mouvements; une riche bordure en décore les contours.

La robe, sculptée dans le même caractère, tombe sur une chaussure à bouts ronds, qui caractérise bien le xve siècle (46).

VERRIÈRES
DE LA CHAPELLE

Les verrières des fenêtres de cette chapelle ont été restaurées; les panneaux avec sujets sont en partie refaits à neuf. Dans les deux premières fenêtres sont des fonds de grisailles divisés par des rubans de couleur croisés et entrelacés comme dans celle de la chapelle Saint-Joseph.

Dans les deux fenêtres du chevet, les fonds de grisailles sont meublés par des quatre-feuilles qui renferment des cercles de différentes couleurs, au centre desquels sont des imitations de cabochons, topazes, rubis ou autres pierres précieuses, agates et cristal de roche, aux reflets brillants et variés, sur lesquels sont

46. LA SAINTE VIERGE
Statue en pierre.

représentés des moines, des chanoines, des empereurs romains, voire même des têtes de lion, de bœuf, de chat et de chien; ces cabochons produisent les effets les plus brillants de chaleur et de lumière.

Au centre des lancettes, dans chaque fenêtre, sont distribués les détails de la mort de la sainte Vierge ; malheureusement les verrières en grisailles des fonds ont subi des brûlures par l'action du soleil ; ces grisailles ont perdu en partie leur transparence et présentent des taches noires qui détruisent l'effet général de la fenêtre.

PREMIÈRE FENÊTRE. — 1er *panneau. — Un ange annonce à la Vierge sa fin prochaine.* — Marie est couchée sur son lit de mort, les mains jointes. Devant elle, un ange tient de la main gauche une palme verte ; de la main droite, il lui montre le ciel.

2e *panneau. — Visite des Apôtres à la sainte Vierge.* — La Vierge sur son lit ; saint Jean, agenouillé devant elle, lui remet dans la main la palme verte. Derrière et sur le côté du lit, saint Pierre bénissant la sainte Vierge, et les autres apôtres priant et pleurant.

DEUXIÈME FENÊTRE. — 3e *panneau. — La mort de la sainte Vierge.* — La Vierge est étendue sur le lit. Derrière le lit, Jésus porte dans son giron l'âme de sa mère, représentée par une petite figure entièrement nue. A côté de Jésus, deux anges, les mains jointes, rendant hommage à la sainte Vierge.

4e *panneau. — Purification du corps de Marie.* — Le corps mort de la Vierge, dans un linceul, sur son lit funèbre. Derrière le lit, deux femmes ; l'une d'elles soulève le linceul et verse sur la tète le contenu d'un vase de parfum ; l'autre regarde, en portant un vase de ses deux mains ; devant la couchette, un broc d'eau.

TROISIÈME FENÊTRE. — 5e *panneau. — L'ensevelissement du corps de la Vierge, en présence de tous les apôtres.* — Le corps est mis en bière par saint Pierre et saint Jean. Une croix noire est tracée sur le linge qui lui couvre le visage.

6e *panneau.— Funérailles de la sainte Vierge.*— Quatre apôtres, portant sur leurs épaules le cercueil recouvert d'un drap blanc, s'avancent dans les rues de Jérusalem, suivis des autres apôtres (47). A côté du cercueil, saint Jean portant le rameau vert. Un juif s'avance, furieux ; il met les mains au cercueil pour l'arrêter, mais ses deux bras sèchent subitement et ses deux mains restent clouées à

la bière. Il se met à pousser des hurlements, souffrant des douleurs
atroces. Alors, il s'écria : « Saint Pierre, ne m'abandonnez pas ». Saint
Pierre lui répondit : « Crois en J. C., notre Seigneur, et en celle

47. LES FUNÉRAILLES DE LA SAINTE VIERGE

qui l'a porté. J'espère que tu seras guéri ». Le prince des prêtres
répondit : « Je crois en Jésus et en Marie qui fut sa mère », et il fut
délivré de ses tourments. (*Légende dorée*, T. I, p. 273-274.)

CINQUIÈME FENÊTRE. — *7ᵉ panneau.* — *Assomption de la
Vierge.* — La sainte Vierge est enlevée au ciel par quatre anges, au

milieu d'une auréole lumineuse qui lui enveloppe tout le corps. De sa main gauche elle porte un livre et de la main droite elle tient un sceptre fleurdelisé.

8ᶜ panneau. — La sainte Vierge au ciel est couronnée par la sainte Trinité.

LES STATUES

Comme dans la chapelle Saint-Joseph, plusieurs statues en pierre sont distribuées sur le bandeau des travées, à la hauteur de l'ouverture des fenêtres, singulière manière d'éclairer des œuvres de sculpture, avec la lumière vive dans le dos. Il en résulte aujourd'hui un amoncellement d'œuvres d'art qui ne profite à personne :

1. Une Mater dolorosa (xvıı° siècle).

2. La sainte Vierge portant l'enfant Jésus (xvᵉ siècle).

3. Sainte Anne faisant lire la petite Vierge Marie.

4. Sainte Catherine (xvıı° siècle).

5. Sainte Barbe, avec sa tour légendaire.

6. Un abbé, fondateur, portant une église; peut-être saint Robert de Molesme.

PEINTURES

A gauche, sur le mur, au-dessus de la porte, une peinture à demi effacée représentant sainte Geneviève tenant de sa main droite un livre ouvert qu'elle feuillette de la main gauche. A ses pieds est agenouillé un prêtre, les mains jointes. On lit au bas : Sancta Genovefa.

Sur le mur en face, un saint Yves, patron des avocats, dont il porte le bonnet et le manteau à pèlerine bordé de fourrure. Il tient un rouleau de papier à la main droite et un livre fermé de la main gauche.

Peintures sans valeur, jetées au hasard par une fondation pieuse.

PIERRES TOMBALES

Gui de Bosco, chanoine et trésorier de l'église Saint-Etienne, chanoine de Saint-Urbain.

La tombe de Gui de Bosco était autrefois sur le sol de la chapelle de la Sainte-Vierge. Elle est actuellement relevée et dressée contre le mur de clôture du chœur, à gauche dans cette chapelle.

Le chanoine est représenté debout, tenant un calice de la main droite et le soutenant de la main gauche, incrustation de marbre dans la pierre. Il en est de même pour la tête du chanoine, qui est encore assez bien conservée. Elle est couverte de son aumusse; la chasuble est relevée sur les bras; le collet est orné de rosaces. Les pieds semblent reposer sur la bordure du cadre. Toute la partie architecturale est très endommagée par l'usure, néanmoins on en reconnaît encore les lignes générales, et l'on distingue les niches des pieds-droits où étaient représentés les chanoines et les clercs qui prenaient part à la cérémonie funèbre. L'inscription, assez bien conservée, se lit avec facilité. En voici le fac-similé :

hic · Jacet · dominus · guido · de · bosco · huius · ecclesie · canonicus · et thesaurarius · ac · ecclie · sancti · stephani · trecen · canonicus · qui · obiit · anno · domini · m · ccc · septuagesimo · die · nona · mensis · martii · anima · eius · requiescat · in · pace · amen.

Aux quatre angles de cette épitaphe, étaient les attributs des Evangélistes. Près de la tête du défunt étaient deux écussons incrustés dans la pierre.

Pierre. — Hauteur, 2m,65 ; largeur, 1m,33.

Félix le Gras de Chauchigny, bourgeois de Troyes, et **Jeanne**, sa femme.

A droite, dans la première travée de la chapelle de la Sainte-

Vierge, est dressée sur le mur la tombe de Félix le Gras, de Chauchigny (canton de Méry-sur-Seine).

Cette belle tombe est très bien conservée; c'est une des plus belles tombes du xiv° siècle que renferme Saint-Urbain.

Les figures et les mains des personnages étaient en marbre blanc.

A gauche, sur cette pierre, est représenté Félix le Gras, la tête nue, les mains jointes, couvert de son manteau à capuchon tombant sur les épaules, ouvert à partir de l'épaule pour faciliter les mouvements du bras droit. Les bras sont couverts de manches collantes.

Les chaussures sont découvertes et fixées sur le cou-de-pied par une petite lanière; les pieds reposent sur deux petits chiens ayant au cou un collier à grelot.

La dame Jeanne est représentée à gauche de son mari, les mains jointes et la tête couverte de son capuchon, qui lui enveloppe en même temps les épaules. Le vêtement de dessus est relevé sur les bras. Les manches de la robe de dessous se boutonnent du coude au poignet par une rangée de boutons; l'avant-bras est recouvert de manches pendantes. La robe de dessous tombe sur les chaussures et les pieds reposent sur une espèce de griffon, vautour fauve à queue de lion, animal fabuleux qui représente le Vice terrassé.

Ces deux belles figures sont représentées sous deux arcatures ogivales trilobées, surmontées de gables décorés de rosaces de forme différente et d'une grande richesse. Ils se relient par une galerie ajourée qui limite la plate-forme du monument, sur laquelle quatre anges tiennent les chaînes d'encensoirs qui descendent jusque dans les arcatures ogivales, au-dessus de la tête des deux défunts; ils tiennent dans leur main gauche la navette qui contient l'encens.

Les figurines comprises dans la richesse des niches des pieds-droits de l'entablement du portique sont au nombre de huit: deux chanoines en habit de chœur; deux prêtres en chape tenant des livres et la tête couverte de l'aumusse; un diacre et un sous-diacre, un clerc avec la croix processionnelle, un autre portant l'eau bénite. Toutes ces figures accomplissent la cérémonie des funérailles. L'inscription des défunts se développe sur tout le pourtour de la pierre, en caractères gothiques de l'époque, que nous rendons ici avec la plus scrupuleuse exactitude :

CI · 6ISEN6 · FELIS · LE · 6R'AS · DE · CHVCHI6NI · BORIOIS · DE · 6ROIS · E6 ·

IEHANNE · SA · FEMME · LI · QVEL? · FELIS · 6RESPASSA · LAN · DE ·
^{XX}   E·IOVR·DE·IVI·
6RACE · M · CCC · IIII · LE · XXIII · E6 · LA · DI6E · IEHANNE · LAN · DE · 6RACE · M · CCC · L · XX · LE · [1]

LES · QVEL3 · ON6 · FONDE · EN · CES6E · E6LISE · LA · MESSE · EN · QVE · LEN · CHAN6E · LE · DIMAN

CHE · A · CE · PRESEN6 · AV6EL · DE · LANOCIACION · ALA · QVELLE · MESSE · DOI6 · 6OVS · LES · DIMANCHES · CHAPI6RES · DE · SEANS · HVI6 · PAINS · DE · PROVANDE · A · HVI6 · VICAIRES · PRIE3 · P · EVLX ·

L'on remarque dans cette épitaphe que les défunts ont fondé une messe le dimanche dans la chapelle de l'Annonciation, et que huit provisions de vivres seraient distribuées aux vicaires officiants, pour accomplir les vœux des fondateurs.

Hauteur de la pierre, 3^m,04 ; largeur, 1^m,64.

Pierre le Breton, notaire des foires de Champagne et marguillier de Saint-Urbain, et **Laurette**, sa femme.

Cette belle tombe a conservé toute sa richesse, même dans ses parties les plus délicates.

Les deux défunts sont représentés couchés sous deux ogives trilobées et reposent sur de riches tapisseries fleuronnées.

Contre la coutume, la défunte est représentée à gauche, place qui revenait de droit à son époux.

Elle est représentée avec une physionomie encore assez jeune et posée en regard de son mari, les mains jointes, la tête couverte d'une coiffe. Le corsage s'ouvre sur la poitrine et dégage le cou. La robe se relève sous le bras droit avec une certaine richesse de plis, de

---

1. La date du décès, qui était gravée en dehors du cadre, a disparu par le fait d'une cassure.

ceux-ci s'échappe un petit chapelet suspendu à la ceinture. La robe
de dessous tombe en ligne droite sur les chaussures à peine visibles;
les pieds reposent sur un coussin posé sur un escabeau triangulaire,
très riche de sculpture.

Le mari, à droite sur cette tombe, est représenté la tête nue,
les mains jointes, les cheveux tombant sur son visage, ayant un air
de bonhomie simple et naturelle, avec les traits accentués d'un
vieillard.

Il est vêtu d'une houppelande à larges manches, qui lui couvre
tout le corps, avec une ouverture sur la poitrine où se voit la robe
de dessous. Les pieds, qui reposent sur un coussin, ne sont visibles
qu'avec la forme des plis de la douillette qui se développent sur un
riche escabeau circulaire orné de rosaces.

La décoration architecturale se divise en deux parties par deux
ogives représentées tête-bêche et ornées de jolis crochets dont les
jambages montants forment à leurs extrémités de riches consoles, sur
lesquelles nous voyons, à gauche, saint Laurent tenant son gril,
patron de la défunte, à droite, saint Pierre, patron du défunt. Sur
le fleuron central est Abraham, qui, accosté de deux anges, a reçu
dans son sein l'âme des deux défunts. Une petite et troisième figure
serait probablement l'âme d'un enfant mort avant eux.

Dans l'écoinçon central des deux ogives est représenté l'arbre
du bien et du mal, qui porte dans ses racines une tête de mort. Le
serpent tentateur enserre l'arbre de ses anneaux, présente à Adam et
Eve le fruit défendu ; les deux coupables sont assis sur le revers de
l'ogive, tenant dans leurs mains le fruit mortel.

Dans l'écoinçon de gauche et de droite, sont deux anges
agenouillés, sonnant de la trompe ; c'est l'appel du jugement
universel.

Au centre des deux ogives du tympan, s'élèvent deux niches
enrichies de jolis dais et surmontées de pinacles ajourés; ceux-
ci s'élèvent sur un fond de fenestrage ajouré. De ces niches,
quatre anges, en sonnant de la trompette, joignent leurs accords
funèbres avec les deux anges des écoinçons.

Les pieds-droits de cette tombe se divisent par quatorze niches, surmontées d'un petit dais très riche de détails. Dans ces niches est représenté tout le personnel du chapitre de la collégiale, les chanoines officiants, le bras couvert de leur aumusse, les diacre et sousdiacre chantant les prières de l'absoute. Dans le haut, les deux dernières niches, les clercs portant la croix, les cierges et l'eau bénite.

Dans les angles de la pierre, sont les noms et les attributs des quatre Évangélistes, l'aigle, l'ange, le lion et le taureau.

L'inscription funéraire est renfermée dans une bande qui occupe tout le pourtour de la pierre. En voici le contenu :

Cy deſſoubʒ giſent pierre lebreton a ſon vivant notaire
des foires
et marreglier de ceſte eg̅le qui treſpaſſa le treʒieſme iour de
decembre lan · m · cccc · quatre vings et douʒe. Et laurette
merille ſa femme laquelle treſpaſſa le xxiiiⁱᵉ · iour
davril lan · mil · cccc · quatre vingts et dix ſept · prieʒ dieu
que pardon leurs face.

Hauteur de la pierre, 3ᵐ,026 ; largeur, 1ᵐ,066.

Guillaume Le Bé, chapelain de la chapelle Notre-Dame.

La tombe de Guillaume Le Bé est actuellement relevée contre le mur de clôture du porche, côté sud, à l'entrée de la chapelle de la Vierge.

Guillaume Le Bé appartenait sans doute à la famille de Pierre Le Bé qui fut au xvᵉ siècle le papetier juré de l'Université[1].

Cette dalle est complètement effacée ; cependant, quelques contours de lignes nous rappellent les dalles tumulaires de cette époque, que nous avons dessinées dans le Voyage archéologique de M. Arnaud.

Le chapelain de Saint-Urbain est représenté en chasuble, les mains jointes. La tête est couverte de son aumusse. Le reste du costume nous échappe complètement.

L'inscription, qui occupe tout le pourtour de la pierre, est encore

---

1. Voir IIIᵉ Vol., page 437 et suivante.

assez visible pour en faire connaître le contenu. Nous la transcrivons textuellement :

Cy gist venerable et discrette
perfonne Meffire Guille le be pbre chappelain de la chappelle nre dame fondee en leglife de ceans et auffi
de la chappelle saint luc qui trefpaffa
le iour de fainct froubert · viiie · de Janvier lan · mil · quatre · cens ·
quatre · vingt · et · treze · dieu en ayt lame.

Pierre. — Hauteur, 2^m,010; largeur, 1^m,012.

LE SANCTUAIRE

Le maître-autel du chœur de l'église Saint-Urbain n'est plus aujourd'hui que la moindre partie d'un retable qui montait jadis jusqu'à la hauteur de la tête des lancettes du triforium, monstrueux assemblage de charpentes et de planches recouvertes de carton-pierre, décoration industrielle très répandue vers 1834.

Le tombeau du maître-autel est décoré d'arcatures renfermant sur la face principale le Christ, entre deux anges et accompagné des douze apôtres.

De chaque côté du maître-autel sont des candélabres en cuivre doré à deux couronnes de lumières. On vient d'y mettre également deux piédestaux en pierre, dans le style gothique de la fin du xiiie siècle, sur lesquels on a placé une *Mater Dolorosa* et un saint Jean provenant de l'ancienne église des Cordeliers.

Ce sont deux œuvres remarquables en pierre de la deuxième moitié du xvie siècle. Un sentiment profond de douleur est exprimé par le visage et l'attitude de la sainte Vierge et de saint Jean ; rarement le ciseau du sculpteur s'est montré mieux inspiré.

PISCINE DU MAITRE-AUTEL

Cette remarquable piscine est pratiquée dans le mur de la pre-mière travée, à droite du chœur.

Elle est ouverte par deux ogives trilobées, soutenues au centre par un pilier isolé surmonté de colonnettes et d'une aiguille, de même que les deux piliers appliqués des côtés. Les ogives trilobées sont couronnées par un riche fleuron. Dans l'intervalle des piliers sont placés des dais à trois pans découpés en ogives trilobées, surmontés de frontons ornés de crochets. La partie supérieure de ces dais se termine par des créneaux bordés de larmiers; à chaque créneau on voit de petites figurines placées en spectateurs, parmi lesquels sont des guerriers lançant des traits, d'autres tenant des masses d'armes, sans oublier un ouvrier avec son marteau taillant la pierre des créneaux; enfin, à droite, dans l'un des derniers créneaux, un autre sonnant de la trompe pour attirer les curieux. Tout cela forme une jolie fantaisie artistique.

Entre les colonnettes qui surmontent les pilastres, est un sujet fort intéressant, composé de plusieurs figures en relief, dont les têtes furent brisées pendant la Révolution par des émeutiers; à gauche, du côté de l'autel, est représenté le pape Urbain IV, en habits pontificaux, avec le pallium des souverains pontifes; il tient dans ses deux mains le petit modèle du chœur qu'il a fait construire et qu'il offre à Dieu. Du côté opposé, le cardinal Ancher, du titre de Sainte-Praxède, neveu du pape, dans la même attitude, présente la nef de la même église, qu'il avait commencé à faire construire. Au milieu, entre les deux pignons, le Christ, assis sur son trône, pose une couronne sur la tête de sa mère, qu'il reçoit dans le ciel; de chaque côté du groupe, deux anges, à mi-corps sur des nuages, encensent la sainte Vierge.

Le plafond de la piscine, voûté d'arêtes à nervures croisées, est soutenu par un pilier dont la base repose sur la tablette appliquée au mur de la niche.

A l'intérieur, sur la tablette du soubassement de la cuve, sont creusés deux bassins servant à recevoir les eaux du service de la messe.

A gauche et à droite du sanctuaire, dans cette même travée, sont les portes du trésor et de la sacristie.

Dans ces mêmes travées, nous avons à signaler deux cadres de forme hexagonale renfermant deux sujets en cuivre ciselés et dorés, représentant deux scènes de la Nativité de Jésus.

A gauche, au-dessus de la porte du trésor, le premier tableau représente Jésus couché dans son berceau. La sainte Vierge découvre

Cuivre doré, xviie siècle.

l'enfant pour le présenter à un ange qui est prosterné devant le nouveau-né. Saint Joseph, à gauche du tableau, est assis et, la tête appuyée sur son bras gauche, il contemple le divin enfant. Dans le ciel, un groupe de chérubins (48).

A droite, au-dessus de la porte de la sacristie, le deuxième tableau, dans les mêmes conditions que le premier. Celui-ci représente l'Enfant-Jésus plus avancé en âge ; sa mère le soulève et semble le présenter aux fidèles. Dans le fond du tableau, saint Joseph lève les yeux vers le ciel tout constellé de chérubins[1].

49. TOMBE DE JACQUES JULIOT

Marbre noir. — Hauteur, 1ᵐ,15 ; largeur, 1ᵐ,09.

Dans la deuxième travée du sanctuaire est fixée au mur la dalle tumulaire en marbre noir de Jacques Juliot, marguillier de Saint-Urbain. Cette dalle était autrefois placée dans le passage au milieu

---

1. Dans notre jeunesse, nous avons vu les cadres de ces médaillons d'un beau noir d'ébène. Aujourd'hui, ils ont été passés au brun rouge. Hélas ! à Saint-Urbain, on aime beaucoup le changement. C'est la première fois que nous voyons des bordures rosées servant de cadre à des bas-reliefs en cuivre doré.

de la nef, faisant face à l'entrée du chœur. Cet emplacement étant
très préjudiciable à la conservation du monument, on le déplaça
pour le sauver de la destruction.

Cette épitaphe intéressante ne dit pas si ce Jacques Juliot était
le célèbre sculpteur troyen. Sa fonction de marguillier de l'église
Saint-Urbain nous apprend qu'il était de la paroisse comme son
homonyme Jacques Juliot Ier le sculpteur, qui demeurait à Troyes,
rue Moyenne, près Saint-Urbain. Juliot le marguillier pourrait donc
être le fils de l'illustre Jacques Juliot Ier, qui sculpta le merveilleux
retable de La Rivour, et qui travailla, sous la conduite de Dominique le Florentin, à la décoration du château de Fontainebleau.
On trouve dans différents documents à Troyes, dit M. Babeau, la mention d'un Jacques Juliot le jeune, vers 1530; c'est probablement
lui dont l'épitaphe se voit en l'église Saint-Urbain, sa paroisse, où
il mourut le 12 novembre 1567[1].

Cette tombe, du plus haut intérêt, a subi des restaurations
regrettables, que nous réparons en publiant la gravure reproduite
dans l'ouvrage de M. Arnaud : *Les Antiquités de la ville de
Troyes*, 1822-1823.

VERRIÈRES DU TRIFORIUM

La galerie du sanctuaire comprend cinq travées, divisées en
trois lancettes trilobées, qui enveloppent tout le pourtour du chœur.
Elle repose sur le mur du soubassement pour s'élever jusqu'à la
hauteur du chaîneau; elle sert de passage et correspond aux deux
chapelles latérales.

On y accède par l'escalier de la tourelle des combles, dont
l'entrée se trouve dans les deux chapelles de Saint-Joseph et de la
Sainte-Vierge.

Les verrières qui forment la clôture extérieure de cette galerie
sont des grisailles disposées en cercles, losanges et contre-courbes.

La première travée à gauche présente une disposition toute par-
ticulière, qui sans doute ne convint pas à l'architecte ; c'est ce qu'on

---

1. *Biographie des hommes célèbres du département de l'Aube*

appelle en architecture un repentir (50). Pour toutes les autres travées, il s'en tint à la répétition des trilobes de la clôture extérieure.

Aux deux tiers de la hauteur des lancettes sont des panneaux en couleur qui représentent les scènes de la Passion.

Nous commençons cette description par la gauche :

PREMIÈRE TRAVÉE. — 1re *lancette.* — Jésus entouré de doc-

teurs de la loi, qui cherchent à le prendre dans ses paroles et dont il confond la perfidie, peu de temps avant sa Passion.

2e *lancette.* — Entrée à Jérusalem. Jésus monté sur un âne, suivi de ses apôtres. A l'entrée de la ville, des gens portant des rameaux et tendant des tapis sur son passage.

3e *lancette.* — Le lavement des pieds. Jésus essuie les pieds de saint Pierre, en présence de tous les apôtres, placés derrière lui.

DEUXIÈME TRAVÉE. — 1re *lancette.* — Le baiser de Judas. Les juifs conduits par Judas, accompagné de gens armés de haches et de massues, forcent l'entrée du jardin des Oliviers. D'autres soldats, dans le fond du jardin, portent des lanternes et des lances.

2ᵉ *lancette*. — Jésus conduit par des soldats devant Hérode.

Celui-ci sur son trône, le sceptre en main et la couronne en tête, donne ses ordres pour conduire Jésus devant Pilate.

3ᵉ *lancette*. — Jésus, portant sa croix, est conduit au Calvaire par les soldats armés de massues. (Ce panneau n'est pas à sa place.)

TROISIÈME TRAVÉE. — 1ʳᵉ *lancette*. — Jésus flagellé par deux bourreaux armés de verges.

2ᵉ *lancette.* — Jésus crucifié. A gauche, la sainte Vierge ; à droite, saint Jean, son disciple bien-aimé, tout en pleurs.

3ᵉ *lancette.* — Jésus descendu de la croix par Nicodème. A gauche, la sainte Vierge soutient les bras de son fils. A droite, saint Jean pleurant ; aux pieds, Joseph d'Arimathie agenouillé.

QUATRIÈME TRAVÉE. — 1ʳᵉ *lancette.* — Jésus sorti du tombeau, tenant une croix de la main gauche. Un ange soulève le couvercle du tombeau. A droite, un soldat endormi, appuyé sur son bouclier, ses armes entre ses jambes.

2ᵉ *lancette.* — Jésus, une croix à la main gauche, apparaît à Marie-Madeleine. Des plantes fleuries indiquent que l'apparition a lieu dans un jardin.

3ᵉ *lancette.* — Jésus à table chez Simon. A gauche, la femme du Pharisien écoute Jésus, pardonnant à Madeleine. Au milieu, Simon, la tête ornée d'un nimbe, semble mécontent de la facilité avec laquelle Jésus remet les péchés. Sous la table, aux pieds de Jésus, Marie-Madeleine, prosternée, baise les pieds du Sauveur (51).

CINQUIÈME TRAVÉE. — 1ʳᵉ *lancette.* — La descente de Jésus aux limbes. Jésus ressuscité portant une croix de la main droite ; de la main gauche, le Sauveur retire de la gueule d'un monstre, qui représente l'Enfer, plusieurs justes qui attendaient leur délivrance.

2ᵉ *lancette.* — Jésus dans le Cénacle, au milieu de ses apôtres. Il leur donne leur mission.

3ᵉ *lancette.* — Jésus s'élève dans les cieux en présence de ses apôtres. Dans le haut du panneau, on ne voit plus que les deux pieds du Sauveur, qui vont disparaître.

LES VERRIÈRES DES GRANDES FENÊTRES DU CHŒUR ET DU SANCTUAIRE

Dans leur grande simplicité, les verrières du chœur et du sanctuaire sont, comme exécution et arrangement, d'une composition artistique très remarquable.

Cette splendide et immense surface vitrée s'élève jusqu'à la voûte, à environ 10 mètres du sol. Pendant les heures éclatantes de la matinée, depuis six cents ans que le soleil l'inonde de lumière, elle a résisté à ses puissants rayons, et l'action désastreuse des mauvaises saisons ne lui a pas fait subir la moindre altération.

Tous les fonds des lancettes des fenêtres du sanctuaire sont en grisailles sur verre blanc. Le peintre verrier qui a exécuté ces beaux vitraux, a eu le soin de mettre sur ces verres blancs une légère couverte, de manière à paralyser l'action du soleil sur le verre; il en est résulté pour le spectateur une douce lumière qui ne fatigue pas la vue et qui contribue à l'harmonie des couleurs et à l'effet général, tout en donnant de l'éclat aux personnages qu'il a **repré**sentés.

VERRIÈRES DU CHŒUR

Dans le chœur, les fenêtres comprennent quatre lancettes, celles du sanctuaire n'en ont que trois.

Une figure seule occupe chacune des lancettes. Ce sont des patriarches et des prophètes, dont les noms sont écrits près de leur tête ou sur des banderoles qu'ils tiennent à la main. Ils occupent le fond d'une niche surmontée d'un dais de couronnement, varié pour chaque figure et dessiné avec une certaine richesse. Les figures, dans leur tournure cambrée, ont un caractère étrange, qui rappelle la statuaire du XIVe siècle.

Toutes les lancettes de ces fenêtres sont accompagnées d'une bordure de feuillages variés.

Première fenêtre du chœur (côté nord). — Elle renferme les quatre prophètes suivants : Amos, Aggée, Jonas, Osée.

Le médaillon du tympan représente sainte Marguerite debout, une croix à la main, sur le dragon infernal, dans le corps duquel elle est à moitié entrée.

Deuxième fenêtre. — Anom (*sic*), Sam (probablement Sem), Isaïe.

Cette fenêtre ne comprend que trois lancettes; la quatrième est figurée sur le mur de la tourelle des combles.

Le médaillon du tympan représente saint Gilles assis, sa biche à ses pieds, et l'archer qui décoche une flèche au paisible animal.

Première fenêtre du chœur (côté sud). — RUBAM (probablement RUBEN), ABDIAS, JOSEPH, ELISEE. Dans le médaillon du tympan est représenté saint André, attaché à la croix, avec un bourreau de chaque côté.

Deuxième fenêtre. — ABBACVC (*sic*), JEREMIE, JOIADA. Le sujet du médaillon du tympan est saint Martin à cheval, partageant son manteau.

Première fenêtre du sanctuaire (côté nord). — ZAKARIAS, BENJAMIN, AMOS.

Benjamin, à la figure jeune et imberbe, se distingue des autres figures. Il est vêtu en costume bourgeois, les mains gantées, à la manière des chevaliers du moyen âge; il porte un long manteau doublé d'hermine; la tête est couverte d'un capuchon, avec une petite calotte rouge bordée de blanc. Figure admirable de pose et de caractère.

Dans le tympan sont trois médaillons. Celui du haut représente le Christ, confiant à saint Jacques le flambeau de la Foi et l'envoyant prècher l'Évangile. Celui de gauche représente saint Jacques, prèchant; ce médaillon est marqué d'une coquille blanche dans le haut et de deux autres sur les côtés. Le médaillon de droite représente saint Jacques, debout, entre deux pèlerins agenouillés qui portent leur bourdon. Des coquilles au-dessus des pèlerins donnent à ce sujet sa signification.

Deuxième fenêtre. — JOEL, NOE, ABRAHAM.

Dans les roses du tympan sont représentés : en haut, le couronnement de la Vierge par son Divin Fils; à gauche, saint Jean, écrivant son Evangile; à droite, saint Mathieu, écrivant de mème sur une banderole.

Première fenêtre du sanctuaire (côté sud). — JONAS, MICHEE, SOPHONIE.

Dans le tympan, le médaillon du haut représente un saint évèque, la tête couverte d'une mitre rouge conique, vêtu d'une chasuble, bénissant de la main droite et tenant de la main gauche une croix à pied tréflée.

Celui de gauche représente un roi assis, tenant un sceptre et prononçant une sentence de condamnation contre un personnage vêtu de bure, qui sort d'une prison, les mains tendues comme pour demander grâce. Au-dessus, l'exécuteur brandit son épée.

Le médaillon de droite représente Lamech, descendant de Caïn, suivi d'un jeune enfant, blessant mortellement d'une flèche un homme qui prend la fuite.

Deuxième fenêtre. — LEVI, CHAM, SAMUEL.

Cham est représenté la figure noire comme un nègre, parce que, maudit par Noé en la personne de son fils Chanaan, il devint le père de la race noire.

La bordure du bas de la troisième lancette renferme deux centaures, l'un qui lance une flèche, l'autre qui brandit l'épée.

Le médaillon du haut, dans le tympan, représente le Christ assis, un manteau sur son corps nu, où l'on voit la plaie du côté.

Dans le médaillon de gauche est un évangéliste.

Dans celui de droite, saint Nicolas ressuscite les trois enfants, dont le meurtrier est assis derrière lui, sa hache entre ses jambes.

Fenêtre centrale. — Jésus-Christ, en croix, occupe la lancette du milieu; la sainte Vierge et saint Jean sont dans les lancettes de côté.

Dans le médaillon du haut, le Christ est assis sur un trône, la poitrine nue, les épaules couvertes d'un manteau, les bras étendus pour prononcer le jugement des vivants et des morts. Dans les médaillons de gauche et de droite, deux anges sonnent de la trompe pour la résurrection et le jugement universels.

LA SACRISTIE

La sacristie est située derrière le chevet de la chapelle de la Vierge, on y pénètre de l'intérieur de l'église par une petite porte située derrière l'autel. Une porte de sortie donne sur le chœur de l'église pour le service du sanctuaire.

Son plan est composé d'une figure géométrique circulaire à pan ayant la forme d'un polygone irrégulier, les nervures de la

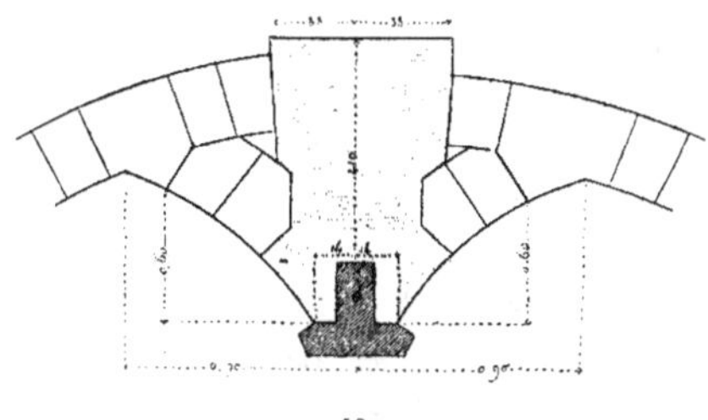

52

voûte reposent sur des consoles profilées ; au tiers de leur développement, elles se brisent brusquement pour former un pendentif (52),

53.

et à leur point de jonction un cadre circulaire renferme un joli bas-relief représentant le couronnement de la Vierge par son divin Fils.

Jésus est assis sur un escabeau, la tête couverte d'une couronne fleurdelisée, tenant un livre de la main gauche; de sa main droite, il pose une couronne fleuronnée sur la tête de la sainte Vierge, qui s'incline légèrement, les mains jointes et les yeux baissés (53).

Ces deux figures sculptées en relief s'enlevaient sur un fond guilloché et doré, dont on voit encore les traces.

Les voûtes de cette sacristie ayant été complètement refaites pendant les travaux de l'abside, M. Vital, entrepreneur, a su conserver ce médaillon et le remettre en place avec le secours d'une tige en cuivre doublée de plomb, qu'il a introduite dans l'épaisseur de la clé, suivant ce procédé (52).

Ce pendentif est maintenu à l'intérieur des combles par le prolongement des nervures qui viennent au point central maintenir la rigidité de la clé et la suspendre dans le vide.

La sacristie est éclairée par deux petites fenêtres carrées exposées au midi. Deux portes sont établies au nord et à l'ouest, l'une s'ouvrant sur le sanctuaire, et l'autre derrière l'autel de la sainte Vierge.

Tous les pans du polygone sont occupés par divers meubles renfermant les objets du culte.

Le plus important est celui qui est adossé au mur de la chapelle de la Vierge. On en trouve de semblables dans les églises de la Belgique, et surtout en Hollande. Ce meuble se compose d'un soubassement sur lequel sont sculptés les attributs de la Pénitence, et au centre on lit cette inscription :

REMITTVNTUR

PECCATA MVLTA

QVONIAM

DILEXIT MVLTUM

Aimez beaucoup, et beaucoup de péchés vous seront remis.

Au-dessus, un peu en retraite, est l'armoire, la partie la plus importante du meuble: sur la porte de ce meuble est une petite console sur laquelle repose une *Mater dolorosa* soutenant le corps de son Fils.

Des deux côtés de l'armoire sont deux figures allégoriques, la *Force* tenant une colonne, et la *Justice* portant un glaive, toutes deux servant de supports à la corniche de ce meuble, décorée d'une rosace au centre et d'ornements en serpentins. Sur ce couronnement sont sculptés des nuages occupés par trois têtes de chérubins, d'où s'échappent les rayons d'une gloire.

Ce meuble est d'une exécution grossière qui lui ôte tout intérêt.

Missel romain. — La sacristie de l'église Saint-Urbain possède un Missel orné de nombreuses gravures enluminées à la main, imprimé par Christophe Plantin, le célèbre imprimeur d'Anvers.

54.

La couverture de ce Missel est en bois revêtu de velours rouge. Les plats sont ornés de bordures en torsade, en cuivre argenté, encadrant une Adoration des Mages, d'après le tableau de P. Paul Rubens, exécutée avec la plus grande finesse, en cuivre doré et ciselé. La vignette du titre représente le tableau de la Cène, du même peintre.

Les tranches du volume sont dorées et frappées, les vignettes gravées et repoussées de filets d'or d'une grande délicatesse. Elles se composent de 460 vignettes historiques et de 276 lettres ornées et dorées dans les mêmes conditions.

Il est bon de faire remarquer que, sur ce nombre, quelques vignettes et lettres ornées se répètent jusqu'à trois fois. Nous donnons ici comme spécimens la vignette qui orne l'Evangile du XVIIIe dimanche après la Pentecôte, représentant la résurrection de la fille de Jaïre, page XCII (54), et une lettre ornée qui nous offre la scène du sommeil de Jésus pendant la tempête, de la page XLVII (55).

L'image du canon représente le crucifiement et occupe toute la page.

L'ouvrage est imprimé en noir et en rouge, avec un repérage d'une exactitude des plus rigoureuses et cette perfection du texte qui distingue les ouvrages sortis des presses de l'imprimeur habile qui donna, avec le concours de Guillaume Lebé, notre com-

55.

patriote, la belle édition en huit volumes in-folio de la *Bible polyglotte* d'Alcala. La marque typographique de Plantin est une main tenant un compas ouvert, avec cette légende : *Labore et Constantia.* Son imprimerie passa après lui, tout en conservant son nom, sous la direction de son gendre, Jean Moret, qui sut en soutenir la réputation. La ville d'Anvers possède un musée fort remarquable, nommé Musée Plantin-Moret, où l'on a réuni les œuvres de ces imprimeurs si justement renommés, avec les planches sur cuivre des nombreuses gravures qui enrichissent leurs éditions.

Une annotation explicative, à la fin du volume, nous apprend que l'ouvrage a été fini d'imprimer en 1572, le 9 des calendes d'avril (24 mars).

Sur le dernier feuillet du volume est un blason d'azur à un chevron d'or, accompagné de trois gerbes du même, deux et un.

Il est décoré d'un brillant entourage qui a tout le caractère hollandais.

M. le curé de Saint-Urbain, qui est allé en Belgique visiter le musée Plantin, n'a pu obtenir du conservateur le moindre renseignement sur ce blason, qui n'appartient, suivant ce dernier, à aucun membre de la famille de l'imprimeur.

Seraient-ce les armoiries du peintre-décorateur de ce volume, ou

56.

simplement celles d'un donateur qui a fait exécuter ce blason avant d'offrir ce beau missel à la collégiale de Saint-Urbain ? Nous donnons ce blason réduit de moitié, d'après le dessin original (56).

DALLES TUMULAIRES

Vers 1875, au mois de juin, sachant qu'il était sérieusement question de l'achèvement de l'église Saint-Urbain, nous prîmes la résolution d'estamper les dalles tumulaires avant les grands travaux. Pour exécuter ce travail, nous avons employé 120 mètres de papier en rouleau que nous avons frottés avec la mine de plomb pour avoir l'empreinte. Aujourd'hui, nous sommes heureux de posséder tous ces estampages pour exécuter nos dessins avec le plus grand soin.

Depuis l'exécution de ce grand travail préparatoire, l'église a été complètement débarrassée de ses bancs et des planches qui recouvraient une partie du sol. Après les travaux de déblaiement terminés, on a trouvé plusieurs tombes que M. Méchin, alors curé de Saint-Urbain, a publiées dans le XLIII° volume de la Société académique de l'Aube (1879).

Aujourd'hui, à l'heure où nous écrivons ces lignes, ces tombes sont entassées contre les murs des bas-côtés, enfouies dans tous les matériaux de la construction des voûtes de la nef. Ne sachant ce qu'elles deviendront après notre description terminée, nous avons pris le parti, pour obvier à un pareil désordre, de les classer dans notre volume par ordre alphabétique de noms propres.

Beaudouin (Nicolas), *prêtre* (1531).

Cette tombe est bien endommagée par le frottement des pieds; toute la partie supérieure est entièrement effacée; on ne distingue que la silhouette du personnage. Devant lui est la pancarte de sa fondation à demi effacée, mais par la lecture de ce qui reste, on en comprend facilement le sens (57). Le prêtre est couché sous un portique Renaissance dont les pilastres sont d'un joli style. Autour de la pierre on lit cette épitaphe :

Cy gift venerable et diſcrete
perſonne Meſſire Nicolas beaudouyn pbre lqul treſpaſſa
Le cinquieſme Jour de
decembre Lan de grace Mil v' xxxj   Requieſcat in pace.

Dans la chapelle Saint-Joseph.

Pierre. — Haut., 1ᵐ.72; larg., 0ᵐ,85.

57.

Bertier (Milot), *chanoine* (1375).

Le chanoine Bertier est couvert d'une dalmatique et tient de ses deux mains sur sa poitrine le texte de l'Évangile, indiquant qu'il n'était que simple diacre.

Épitaphe :

Cy gist Milot Bertier jadis chanoine *et diacre*
de ceste eglise qui trespassa de cest siecle lan mil trois
cens soixante et quinze le xiii
iour dou mois de may Priez pour lame de lui que dieu
pardon li face amen.

Bas-côté sud.

Pierre. — Haut., 2ᵐ,45; larg., 1ᵐ,20

Chaque mot de l'inscription de la bordure est séparé par des feuilles, des roses, des limaçons et des poissons, voire même des têtes de morts décharnées et des têtes de vivants encadrées de feuillages. Ce sont simplement des fantaisies artistiques du tombier.

Le diacre est représenté (58) sous un riche portique, en grande partie usé par le frottement des pieds. Les jambages du sarcophage sont parfaitement conservés, ainsi que les petites figurines qui représentent la cérémonie de l'absoute.

La richesse du dessin de cette tombe presque effacée laisse d'amers regrets.

Bias *et sa femme.*

Tous deux décédés dans le courant du xive siècle.

58.

On lit sur la bordure de cette tombe :

BIAS : QVI TRESPASSA : LAR : M : CCC : ЄƂ : V :
LERDEMAIR : DЄ : LA : SAIRƂ : LORARƂ : DAOVƂ :
Et sa femme, **QVI ƂRESPASSA : LAR : M : CCC·**

Bas-côté nord.

Pierre. — Haut., 2^m,70 ; larg., 1^m,16.

Bompas (Jean), *médecin. Anne Saulnier, sa femme* (1524 et 1563).

Ont fondé par chacun an, le premier dimanche de chaque mois, et le jour de la Sainte-Trinité, une messe haute avec diacre et sous-diacre, par les vicaires, avec *Salve* et collecte ; pourquoi il a été donné 300 livres avec une chasuble et deux tuniques de damas violet, trois aubes, trois amicts, trois nappes, un calice et deux burettes d'étain, deux chandeliers de cuivre et un gros coffre pour mettre les ornements, par acte du 15 mars 1562. (Nota : On ne

trouve aucun titre sur cette fondation (Ch. Lalore, *Obituaires*, p. 372).
Belle tombe en marbre noir, brisée dans toutes ses parties[1].

59. TOMBE DE JEAN BOMPAS, MÉDECIN,
ET ANNE SAULNIER, SA FEMME.

Le docteur Bompas, portant toute sa barbe, a la tête nue et les
mains jointes; il est vêtu d'une longue robe fermée du haut en bas.

1. En 1877, M. Méchin, curé de Saint-Urbain, écrivait que cette tombe était
intacte et fort belle. (*Doc. inédits pour servir à l'histoire de Saint-Urbain*, p. 79.)

Ce vêtement est recouvert d'un pardessus à larges manches qui laissent voir les manchettes au poignet. De la poche s'échappe le manche de sa trousse, contenant les instruments nécessaires à un chirurgien.

Sa femme Anne Saulnier a la tête posée sur un oreiller et porte une coiffe à voilette. Elle a les mains jointes sur la poitrine. La taille est entourée d'une chaînette perlée (59).

Aux quatre angles de la gravure sont les blasons des défunts, qui se répètent deux fois.

En haut, celui de gauche appartient au défunt, à un chevron, accompagné de trois étoiles.

Celui de sa femme, à une croix de Saint-André, cantonnée à droite et à gauche de deux lions rampant, en haut et en bas de deux perdrix.

L'inscription, avec de nombreuses cassures, se lit difficilement; elle est en marbre blanc et se compose de belles lettres gothiques allemandes.

Voici son contenu :

Cy gisent feuz noble hõe maistre
Jehã bompas en son vivant docteur en medicine
qui deceda le 24ᵉ Joʳ de
feburier M · V · xx · iiii · Et damˡ�ᵉ
Anne saulnier sa fẽme qui deceda aussi le xxiᵉ Joʳ
doctobre M · V · Lxiii.

Sur le bas de la tombe, en dedans de l'épitaphe, on lit :

PRIEZ DIEV POVR EVLX.

Bas-côté nord, près la porte d'entrée.

Pierre noire de Belgique. — Haut., 1ᵐ,83; larg., 1 mètre.

Bralé (Guillaume), *menuisier* (1513).

On lit sur la bordure de la tombe :

> **Cy gist guilleaume brale
> en son vivant menuisier demeu. . . . . . le quel
> trespassa lan mil V et xiii · le xxii
> de Janvier priez a dieu que par sa grace de ses pechies
> pardon lui face ·**

Transept sud, près la porte d'entrée.

Pierre. — Haut., 1^m,73 ; larg., 0^m,82.

Casteliane de Fontvanne (Adeline *dite*) (1310).

Adeline, qui avait fondé en l'an 1299 la chapelle de Saint-Jean-l'Évangéliste, y avait été inhumée devant l'autel. Elle était sœur d'Étienne du Port, trésorier de Saint-Urbain.

Les héritages qu'elle laissa pour l'entretien de cet autel consistaient en trois étaux en la boucherie :

1° Le quatrième étal du troisième rang (il payait 12 sols au grand office) ;

2° Le septième du quatrième rang (il payait au grand office 10 sols 1 denier) ;

3° Le dixième du quatrième rang (il payait au grand censier 3 livres).

A la charge par le chapelain de payer au chapitre 10 sols par an pour l'*amortisation* de la censive que ces étaux devaient audit chapitre, et 10 sols par an pour un anniversaire à l'intention de la fondatrice.

Le même titre fait mention d'un four banal près de la ville, dont il ne paraît pas que le chapelain ait jamais joui. (Méchin. *Doc. inédits,* p. 53.)

L'inscription de la tombe porte :

CY · GIST · ADELINE : DITE · CHASTELIANE · DE ·
FORTVANNE ·
QVI · TRESPASSA · LAN · M · CCC · ET · DIX · LE ·
LENDEMAIN · D'E · LA · FETE · DE · SAINT · NICOLAS ·
DIVER ·

De Drout, *ou Droup (Jean), chapelain de l'autel Saint-Léonard.*

Belle tombe du xive siècle sur laquelle on lit seulement :

CI · GIST · MESTRE · IEH · DE · DROVT ·
IADIS · CHAPPELLAIN · DE · LAVTEL · S · LYENARE · EN ·
LEGLISE · S · VRBAIN · DE · TROIES ·

Pierre. — Haut., 2^m,57 ; larg., 1^m,52.

De Givroles, *femme Huguenin Dupont, notaire des foires de Champagne.*

Dalle entièrement effacée.

On lit dans le pourtour du cadre :

**DE GIVROLES QVI FVT FAME HVGVENIN DOVPONT
CLERC NOTAIRE DES FOIRES QVI TRESPASSA**

Bas-côté sud, 4e dalle.

Pierre. — Haut., 2^m,10 ; larg., 0^m,90.

Desry (Jacques), *changeur, qui épousa Jacquette.*

Il est inhumé sous sa tombe.

Perrard Garnier, *mari de Julienne de Verdun,* Jacques Desry
et Jacquette, sa femme, ont donné, par acte du 10 août 1346, le
grand gagnage de Verrières, à la charge de dire la messe six jours
de la semaine, ce qu'on a appelé par la suite la messe Perrard. Et
comme ce gagnage ne produisait point douze septiers de froment, à

quoi Perrard Garnier et Jacques Desry avaient voulu porter leurs
fondations, les héritiers de Jacques Desry ont ajouté en 1395 deux
septiers de froment de rente, sur une maison vis-à-vis l'église de
Saint-Remy (réduits plus tard à huit boisseaux), et dix boisseaux
et demi, un tiers de picotin, avec 8 sols 4 deniers de rente, sur une
maison rue du Temple; c'est la maison qui a pour enseigne la Pyramide. (Ch. Lalore, *Obituaires*, page 365.)

Dans le cadre de la pierre tombale, on lit :

**Ci · gist · Jacque · desry · Jadis · changeur · et ·
bourgeois · de · troyes · lequel · a · legue ·**

Sur le côté gauche de la bordure, nous lisons :

De · fevrier · priez · pour · lame · de · luy :

Transept sud. près le bénitier de la porte.

Pierre. — Haut., 2^m,20 ; larg., 1 mètre.

Dorigny (Nicolas), *prêtre*.

A l'endroit où se trouvait la chapelle Sainte-Croix, nous lisons
sur une tombe :

**CY · GIST · NICOLAS · DORIGNY · PRESTRE ·
BENEFICIER . A LAUTEL · SAINTE · CROIX · EN · CESTE ·
EGLISE · QVI · TRESPASSA · EN : LAN · DE ·
GRACE : MIL · CCC · IIII · PRIEZ · DIEV · POVR LAME ·
DE · LVI · AMEN :**

Pierre. — Haut., 2^m,10 ; larg., 1^m,05.

La chapelle de la Croix était la première chapelle du bas-côté
nord.

Hennequin (Odard), premier du nom, doyen de Saint-Urbain,
1490 à 1500.

La représentation et les recommandises se faisaient sur la tombe située entre le chœur et la chapelle Saint-Laurent, tenant à la porte du chœur.

Au mois de février 1497, Odard Hennequin légua de grands biens pour la fondation d'une messe basse qui se dit pendant ou après l'épître de la grand'messe à l'hôtel des Quatre-Saints, et il a légué pour le service de cet autel un beau missel. Il se trouve aujourd'hui aux Archives de l'Aube; c'est un bel in-folio parchemin, fin du xve siècle (Vitrines). Michel Hennequin, exécuteur testamentaire d'Odard Hennequin, a délivré ce missel en 1500. (Ch. Lalore, page 332.)

Voici le détail des biens qu'Odard Hennequin laissa pour cette fondation :

1° La moitié d'une pièce de pré, contenant deux arpents ou environ, au finage de Barbercy-aux-Moines, lieu dit la Fosse-l'Évêque ;

2° Une maison au Pont-Sainte-Marie, près le presbytère, avec un jardin, contenant trois quartiers ;

3° Une pièce de pré, contenant cinq quartiers, au même finage, lieu dit les Parfonds ;

4° Une autre pièce contenant trois quartiers, au dit finage et lieu ;

5° Une autre pièce de pré, au finage de Saint-Thibault-les-Iles, lieu dit le Champ de la Croix ;

6° Une maison assise à Troyes, près l'hôtel de la Cloche, chargée de quatre deniers tournois de censive ;

7° La somme de douze livres de rente, sur deux frètes d'une maison, près la porte Croncels, chargés l'un de neuf sols deux deniers de rente envers l'église de la Magdelaine des Deux-Eaux, et l'autre de dix-neuf deniers trois pougeoises de censive envers l'église Saint-Étienne ;

8° La somme de 20 sols de rente au jour de la Purification, sur trois arpents de terre labourable à la Rivière-de-Corps, lieu dit la Claye ;

9° Une maison, rue Saint-Pantaléon.

(Lalore, *Obituaires,* d'après le Registre des Inventaires de Saint-Urbain, p. 377.)

Sur une plaque à droite des grandes portes (portail principal),

on lisait que : M. Odard Hennequin, doyen de Saint-Urbain, a
fondé par chaque jour de l'année une messe basse pour être dite
après l'épître de la grand'messe; en outre, un anniversaire au jour
de son décès; pourquoi il a donné plusieurs biens et héritages,
comme il appert par lettres du dernier jour de may 1499. (Lalore,
Obituaires, p. 373.)

La tombe du défunt occupait le bas-côté nord.

Cy gist venerable · et · discrete psūe Odart
. . . . savoir le premier d . . . . . .
a la derniere messe qui se
dit tous les Jōs en cest autel Lequel trespassa
le pr   mars lā mil   Dieu luy face pardon
a lame et poar les trespasses · Amen ·

Aux quatre angles de cette tombe, le blason du défunt, complètement usé, qui cependant a conservé la forme de son chef, qui était
chargé d'un léopard.

Marbre noir — Haut., 2 ^m,53 ; larg., 1 ^m,28.

Hennequin (Simon), *marguillier de cette église, et Léonarde
Gornot, sa femme* (1517 et 1519).

Cy gisent feuz noble hōme symō hēneqⁱⁿ
marreglier de leglise de ceans · et damoiselle Lienart
gornot sa fēme · avec deulx de
leurs Enfans laqle trespassa le xxe Jour de
Juiḡ · M · V^c · et · xvjj · Et·led hēnequi trespassa · Le xvjjj^e de
novēbre · M · V^c · et xix · pez dieu po^r eulx.

Aux quatre angles de la tombe sont les blasons des défunts.
A gauche, celui du mari, vairé d'or et d'azur ; au chef de gueules

60. ÉPITAPHE DE SIMON HENNEQUIN, MARGUILLIER,
ET DE LIÉNART, SA FEMME.

chargé d'un lion d'argent. Celui de la femme, d'azur au chevron
d'or, accompagné de 3 losanges d'argent, 2 et 1 (60).

Marbre noir, avec inscription en marbre blanc. — Haut., 2 ᵐ,40 ; larg., 1 ᵐ,40.

Hourriet-le-Diablat, *marguillier, et Jeanne, sa femme.* Il
était probablement fils d'Étienne le Diablat, qui fonda en 1312 la
chapelle Saint-Léonard ; en 1320, il fonda un anniversaire pour son
père et sa mère.

Hourriet est représenté de face, la tête nue, les mains jointes.
Il porte un vêtement s'ouvrant sur le côté de manière à laisser toute
liberté au bras droit, comme dans les vêtements de l'époque romane.

De la saignée du bras s'échappe une double manche pour la
saison d'hiver. Ce joli costume était en usage pendant tout le cours
du xiv⁰ siècle, comme nous l'avons déjà vu dans nos planches précédentes.

La robe de dessous, bien drapée, descendait en ligne droite sur
les pieds chaussés d'élégantes bottines qui s'attachaient sur le côté.

La femme est posée de trois quarts en regard de son époux, les
mains jointes, la tête couverte de son voile, le capuchon renversé sur
son épaule. Sa longue robe tombe sur ses pieds.

Au-dessus des deux personnages sont deux arcatures ogivales
trilobées surmontées de gâbles avec rosaces. Au centre, entre les
deux pignons, est représenté Abraham, tenant dans son giron les
âmes des deux défunts, qui sont encensés par deux anges.

Cette partie architecturale n'a pour support que la bordure de
l'inscription dont voici le contenu.

On lit sur la tombe, en prenant par le bas :

CI : 6IS6 : ḰOURRI6 : LI : DIΛBLΛ6 :
ΦΛRR66LI6RS : D6 : Œ6ΛΠS : ΩVI : 6R6PΛSSΛ : L6 :
ΦΛRDI :
ΛPR6S : LΛSSVΦP6IOΠ : ΠR6 : DΛΦ6 : LΛΠ : Œ : ΩΩΩ :
XXX : II :
PRI6Z : POVR : ḺVɎ :

En suivant :

CI : GIST FA
DE : hOVRRIET : QVI : TRESPASSA : LAN : MIL : CCC :..

Pierre. — Haut., 2 ^m,22 ; larg., 1 ^m,05.

Inconnu.

: LA : CORDERIE : DE : TROIES : QVI : TRES :
PASSA : LE : IOVR : DE : MA
RS : LAN : DE : GRACE : M : CCC : XI : PRIEZ : POVR :
LVI : QVE DIEV : EN : hAIT : LAME :

Cette tombe représente un personnage en robe dont on ne voit
plus que la silhouette.

Pierre. — Haut., 2 ^m,60 ; larg., 1 ^m,02.

Inconnu. xve siècle.

Le cadre de cette tombe en marbre noir est incrusté de marbre
blanc : son inscription semble avoir été brisée et martelée à plaisir,
par vengeance ; le marbre est resté, mais pas une seule lettre n'a été
épargnée.

Les têtes, les mains et les deux blasons des personnages ont subi
le même vandalisme.

L'exécution technique de cette belle tombe a malheureusement
souffert dans tout son ensemble.

Le défunt est représenté la tête nue, son chaperon renversé sur
son épaule droite, les mains jointes.

Il est vêtu d'une longue robe, boutonnée du haut en bas, et se
terminant tout autour par une frange effilée. Sa robe de dessous est
serrée aux manches par une série de petits boutons et les poignets
enrichis de jolies manchettes. Une aumônière d'une forme élégante

est suspendue à sa ceinture. Le cou du personnage est entouré d'une fraise soigneusement gaufrée.

La femme est coiffée d'une ample cornette, les mains jointes comme son époux. Sa longue robe est relevée sur le bras gauche, qui la presse, pour retomber de chaque côté avec des plis très bien drapés; le cou et les poignets sont garnis de riche dentelle.

Les mains tiennent un chapelet qui lui sert en même temps de ceinture et qu'elle égrène sur sa robe. Comme son mari, la défunte porte une riche aumônière suspendue à sa ceinture.

Au-dessus de leurs têtes était un riche portique aujourd'hui complètement fruste.

Marbre noir. — Haut., 2^m,40; larg., 1^m.63.

Maubert, *conseiller en droit civil et canon, chanoine de Cambray.*

Après bien des recherches, nous n'avons rien trouvé sur ce personnage.

En conséquence, nous le classons dans les inconnus, sa pierre étant complètement effacée.

Pierre. — Haut., 2^m,40; larg. 1^m,30.

Nous voyons, dans les recherches de M. le curé Méchin, une tombe où le nom du défunt est effacé, mais dont l'inscription annonce un bienfaiteur, peut-être un chapelain bénéficiaire.

On lit :

cy · gilt · venerable ·   a · la · chapelle ·
faint · luc · qui · trefpaffa · le · Jour · de · faint · froubert ·
ving · de · Janvier · lan · mil · quatre · cents · quatre ·
vings ·

L'autel élevé à saint Luc se trouvait dans la chapelle de Sainte-Croix.

Jaquinaus, *dit le Bègue, cordonnier, et Margot, sa femme.*

Près la chapelle Sainte-Croix, première travée du bas-côté gauche,

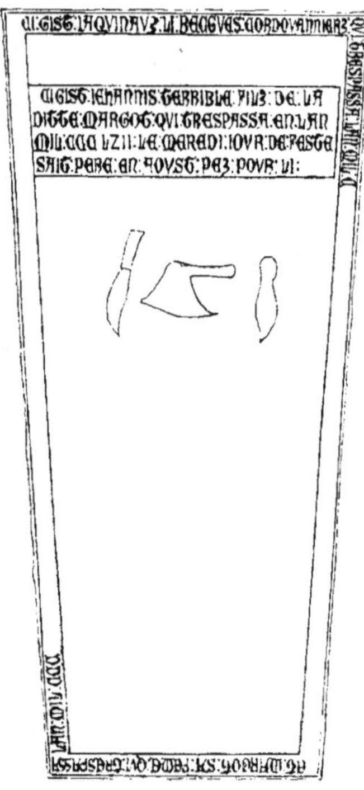

61. TOMBE DE JAQUINAUS LE BÈGUE,
DE SA FEMME ET DE SON FILS.

on voit une pierre qui se rétrécit par les pieds et qui est entourée d'une bordure portant l'inscription suivante.

En tête de l'épitaphe, nous lisons :

CI : GIST : IHQVINAVZ : LI : BEQGVES : QORDOUANNIERZ :
QVI GRESPASSA : LAN : M : Q

Au bas de la pierre :

EG : MARGOG : SA : FEME : QVI : GRESPASSA :
LAN : MIL : QGQ

Jean Terrible, leur fils.

Au milieu de la pierre, on lit son épitaphe :

CI : GISG : IEHANNIS : GERRIBLE : FILZ : DE : LA :
DIGGE : MARGOG : QVI : GRESPASSA : EN : LAN :
MIL : QGQ : LZII : LE : MERCREDI : IOVR : DE : FESGE :
SAIG : PERE : EN : AOVSG : PEZ : POVR : LI :

Au-dessous sont gravés un couteau et un couperet à tailler le
cuir, avec la semelle toute taillée, insignes de la profession du défunt (61).

Pierre. — Haut., 2^m,27 ; en tête, 1 mètre ; en bas, 0^m,79.

Jehanne, *femme de Peireron Lannesval* (1404).

Devant la chapelle des fonts, on lit cette épitaphe (62) :

✝ Ci · gist · Jehanne · Jadis · feme · d̃ ·
feu · peireron · lannesual · quitrespa
ssa · le · xxvi · iour · d̃ · may · lan · mil ·
cccc · 7 · quatre · priies · a · dieu · pour ·
elle ·

62.

Pierre. — Haut.. 0^m,37 ; larg., 0^m,71.

Dans le bas-côté nord, 1re tombe. Effigies effacées d'un homme et d'une femme.

Jocelin de Villeres, *marguillier; Jeanne, sa femme.*

L'inscription très lisible :

Cy · giſſet · feux · jocelin · de · villeres · jadis marglier · de ·
leglife · de · feans · et · jeanne · jadis ſa première feme ·
laquelle · trefpaſſa · le xviiᵉ jour ·
doctobre · mil · ccc · iiii^xx · le · dit ·
jocelin · le xvii · jour · de · nombre · mil · cccc · et dix · amen ·

Pierre. — Haut.. 2ᵐ,10 ; larg., 1ᵐ,15.

Larmurier (Henri).

Au mois de juillet 1291, il donna à cette église, de concert avec Marie, sa femme, 50 soldées de terre à prendre sur sa grange de Sacey, à la charge de deux anniversaires après leur décès, de manière qu'il en soit dit un à la mort du premier d'entre eux. (Ch. Lalore, *Obituaires,* p. 328.)

CI : GISG : HENRIS : LARQVRI
GRS : QVI : GRESPASSA : EN : LAN : DE : GREGE : Q : II :
IIII : GG : XV : LE : IEVDI : DE :
LGVR : DIGES : PATGR : NOSGGR : POR : SAQG :

Au milieu de cette tombe se lit une autre inscription plus moderne, indiquant un autre personnage de cette famille, probablement un fils ou petit-fils du défunt.

L'épitaphe est gravée sur la tranche de six petites marches superposées, qui s'élèvent en se rétrécissant jusqu'au sommet, où repose

un calice qui domine tous ces gradins, indiquant par sa présence que
cette inscription est celle d'un prêtre.

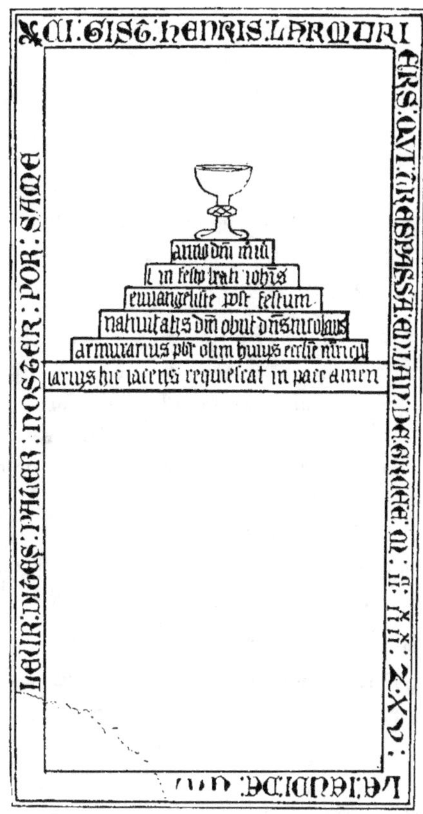

63. TOMBE HENRI LARMURIER.

En commençant par le haut, voici ce que nous lisons :

anno ðni m iii ·
l · in fefto beati iohis

evvangeliste post festum
nativitatis dni obiit dns nicolaus
armurarius pbr olim hujus ecclie mrigl
iarius hic jacens requiescat in pace amen ·

Pierre. — Haut., 2^m,20; larg., 1^m,10.

Ce Nicolas Larmurier serait, sans doute, un petit-fils de Henri Larmurier, mort en 1295, et il a pris sa place dans le même tombeau (63). Dans l'inscription il faudrait *grece* au lieu de *grcee*.

Jacote Lenoir, *femme Robert d'Amance.*

Belle tombe sans effigie, avec une inscription très lisible, accompagnée de distance en distance par les deux blasons des défunts.

Dans le cadre sont huit quatre-feuilles, renfermant le blason du mari, portant un fer à moulin, et celui de sa femme un aigle aux ailes éployées (64). L'inscription se lit avec la plus grande facilité.

Ci · gist · Jacote Lenoir · feme · Robert ·
damance · bourgois · de · troyes · Marreglier · de · ceste · eglise ·
la · quelle · trespassa ·
le · ix · Jour · du · mois · doctobre ·
lan · de · grace · Mil · CCC · quatre · vins · dieu · ait · merci · de · lame ·
delle · amen :

Pierre. — Haut.. 2^m,20 ; larg.. 1^m,13.

Si l'on se reporte aux *Documents inédits pour servir à l'histoire de Saint-Urbain,* publiés par M. Méchin, on retrouve un Philippe d'Amance parmi les bienfaiteurs de la collégiale en 1348 (page 65).

Nicolas de Metz-Robert, *prêtre, chanoine.*

Ici se présente une tombe de 1392. Elle était placée au pied du mur de la porte du nord où est le bas-relief de la sépulture de dame Cauchon-Maupas.

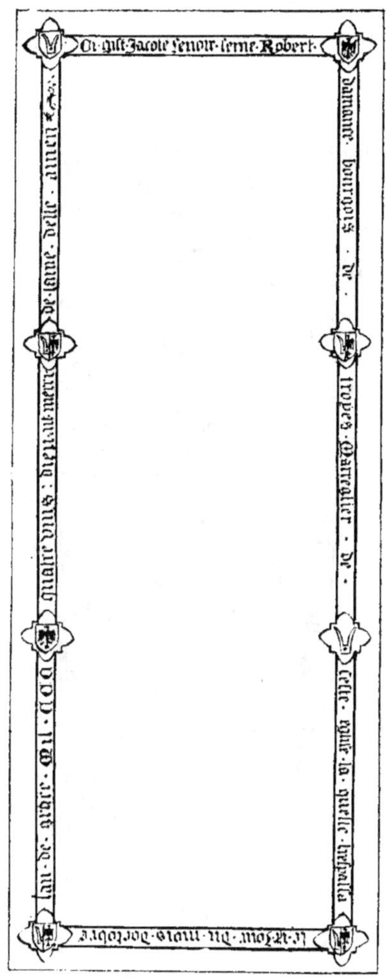

64. TOMBE DE JACOTE LENOIR, FEMME DE ROBERT D'AMANCE.

Ci · gist · messires · nicolas · de · meirober ·
prestre · Jadis · beneficiez · a · lautel · sainte · croiz · en · ceste · eglise
le · quel · trespassa · le · xxiii · Jour · daout
lan · de · grace · M · ccc · iiii · et · xii · priez · pour · lame · de · lui ·
amen · [1]

65.

Nicolas de Metz-Robert est représenté en chasuble, la tête couverte de son aumusse; de ses deux mains, il porte un calice, sa chasuble relevée sur les bras. Un large collet brodé lui couvre le cou, le manipule sur le bras gauche, et l'étole dépassant le bas de la chasuble. A l'extrémité de l'aube, la parura, étoffe brodée destinée à maintenir l'aube dans sa ligne droite, évitant l'embarras de la marche.

Les pieds reposent sur un petit socle.

Tel était le cadavre déposé dans son tombeau.

Celui-ci est représenté par un arc ogival, brisé en accolade, avec fleurons et crochets.

Le tout en relief sur une muraille couronnée de trèfles. Voyez le dessin (65).

Pierre. — Haut., 0 ^m,88 ; larg., 1 ^m,96.

Nicolas de Metz-Robert avait donné à Saint-Urbain deux maisons, l'une à Troyes, devant le cimetière de Saint-Remy; l'autre à Saint-Parres-aux-Tertres, et, en outre, six arpents et un quartier et demi de terres et vignes audit Saint-Parres, à la charge de six anniversaires, savoir : deux pour lui, deux pour les chapelains de la Croix, et les deux autres pour tous les fidèles trépassés. (Lalore, *Obituaires,* page 346.)

Marguerite la Caillate, *de Gelannes, cousine d'Étienne Morce, quatrième doyen de Saint-Urbain* (1411).

Petite pierre dont les caractères sont émaillés de brun rouge. Elle repose dans la nef, à l'entrée de la porte occidentale.

Petite inscription se composant de cinq lignes. On lit très distinctement :

·Ci· gist·feu· Marguerite· la·caillate·de·
·gelannes·jadis·cousine·du· quart· dean· de
·ceste· eglise·la· quelle· trespassa· lan· de gce
·Mil· cccc· et·xi·le·xxi·iour· de· nouembre·
·Priez·pour· elle· que·dieux· en· ait lame
·Amen·

66.

Cette belle épitaphe était intacte et pure, le jour où nous l'avons estampée, et toutes les lettres avaient conservé leur émail rouge d'un bel effet (66).

Pierre. — Réduction 10 pour 100 pour mètre.

Morce (Étienne), *quatrième doyen de cette église* (1396).

Pour son anniversaire, qu'il fonda le 13 octobre 1377, il donna quatre arpents de prés, sis à Pont-sur-Seine.

Sa tombe occupe le bas-côté sud ; anciennement elle était dans la nef.

Ci· gist· feu· messire· estienne· morce. Jadis· quart· dean· de· ceste· eglise· et· chanoine· de· saint· estienne· de· troies· qui· trespassa· lan de· grace· Mil· ccc· iiii· seze· le· xviie· jour· de· Nouembre· priez· pour· lui· que· dieux· en· ait· lame· Amen·

Le doyen de Saint-Urbain est représenté sous une arcade ogivale trilobée, la tête nue, vêtu d'une chasuble et portant un calice de ses deux mains.

Les pieds-droits du sarcophage sont occupés par l'officiant, les diacres et sous-diacres. Dans le haut, sont deux clercs : l'un portant la croix, l'autre l'eau bénite.

Ce portique est surmonté de cinq petites arcades ogivales, surélevées de pignons se reliant avec la galerie du couronnement.

La petite niche du milieu est occupée par Abraham portant dans son giron l'âme du défunt, représentée par une petite figure nue. Les autres niches renferment des anges portant des flambeaux allumés.

Le monument est entouré d'une riche végétation, qui donne un puissant relief à la partie architecturale.

Pierre. — Haut., 2^m,06 ; larg., 1^m,02.

Maulery (Jean), *bourgeois de Troyes et notaire des foires de Champagne et de Brie* (1360).

Jaquette de Sur-les-Arcs, *sa femme, enterrée avec son mari, sous la même tombe, dans le bas-côté sud* (1384).

Jci · gist · Jehan · Maulery · Jadis · bourgeois · de · troyes
et · notaire · des · foires · de · champagne · et de brie · qui · trefpassa ·
lan · de · grace · mil · ccc · lx · le · xvi
Jour · du · moys · de · Juing · pri · p̄ · lame · de · li · Jci · gite ·
Jacquette · de · Sur-les-Arts Jadis · bourgeoise · de · troyes · et · femme ·
de · feu · Jehan · maulery · laquelle · trepassa · lan · de ·
grace · mil · ccc · iiii · et · iiii · le · xiii · davril ·

Sur une tombe très riche d'architecture du XIVe siècle, sont représentés le mari et la femme.

Le défunt, qui est représenté à gauche sur la pierre, a la tête nue, couvert de sa tunique fendue sur le côté, se relevant sur les bras, les mains jointes ; son capuchon tombant sur ses épaules.

Ce costume, déjà décrit, nous rappelle celui de Pierre d'Herbice, page 154.

La femme du notaire est représentée à droite de la pierre, vêtue d'une longue robe se drapant jusque sur les pieds. La tête couverte de son capuchon en pointe. Les mains jointes comme celles de son mari.

Ces deux figures reposent sous deux arcatures trilobées, les pieds posés sur deux lévriers, symbole de la fidélité, séparées par un léger trumeau. Elles sont surmontées de deux gâbles avec crochets et pignons. Au centre de cette disposition sont de riches rosaces, doublées de leurs encoignures qui en sont les jointures.

Les gâbles se relient entre eux par une galerie appuyée d'aiguilles et de contreforts. Sur la plate-forme sont quatre anges, avec encensoirs et navettes ; tous les quatre appuyant le genou sur les crochets des rampants des gâbles pour encenser les deux défunts.

Les pilastres de ce riche monument sont occupés par des niches renfermant les prêtres chantant les prières de l'obit.

Tel est ce riche sarcophage, entouré de plantes grimpantes, fond de verdure qui prête à l'effet général[1].

Pierre. — Haut., 2^m,54 ; larg., 1^m,40.

Renaus de Columbier, *jadis troisième doyen de l'église Saint-Urbain.*

Il décéda le 29 novembre, vigile de saint André, en 1336.

Le 8 octobre 1328, pour compléter les intentions du cardinal Ancher, il fonda un second chapelain à l'autel de Notre-Dame, en cette église (Ch. Lalore).

Le défunt avait fondé la chapelle Notre-Dame, aujourd'hui réunie à la fabrique. Les 40 sols de rente et 12 deniers de censives, en la rue des Masqueries, viennent de lui. L'ancien cartulaire, qui lui marque quatre anniversaires, porte qu'il a laissé des rentes sur diffé-

1. Cette tombe a été publiée dans le *Voyage archéologique* de M. Arnaud.

rentes maisons, depuis la rue des Quenouilles, en entrant dans la Grande-Rue, jusque dans la rue des Buchettes, sur lesquelles étaient assis ses quatre anniversaires (Ch. Lalore).

La tombe de Renaus de Columbier se voyait à l'entrée de la grande nef avant son déplacement.

Le chanoine est représenté couché, en costume sacerdotal, sous un riche portique ogival, orné de trilobes et surélevé d'un gâble orné d'une niche dans laquelle est assis sur un trône Abraham portant dans son giron l'âme du défunt, représentée par une petite figure nue, les mains jointes. Il est accompagné de deux anges portant des flambeaux allumés.

Au-dessus du gâble s'élève un fenestrage composé de sept lancettes surmontées de gâbles qui se relient à la riche galerie du couronnement, couvert d'une toiture.

Les jambages de l'ogive, qui supporte ce riche couronnement, se composent de jolis pilastres où se distribuent des fenestrages sur lesquels nous voyons six apôtres tenant leurs attributs distinctifs, que l'usure du temps a fait disparaître.

Au bas du monument est un socle en maçonnerie orné de roses à quatre lobes, se réunissant par leur richesse à l'ensemble de ce beau sarcophage.

Sous ce splendide portique est représenté le corps du défunt, vêtu de sa chasuble, l'amict entoure le collet de la chasuble, où sont brodés des griffons ailés. De ses deux mains il porte son calice, la chasuble relevée sur les bras en formant des plis variés.

A l'extrémité de la manche gauche se portait le manipule, avec l'étole sur le cou.

Le bas de l'aube tombait en ligne droite sur les pieds, paré de la pièce d'étoffe brodée et carrée appelée la parura, qui a disparu depuis longtemps et est remplacée aujourd'hui par les riches broderies de l'aube.

Les emblèmes des évangélistes figurant aux angles de la pierre sont disposés dans l'ordre traditionnel : l'aigle, l'ange, le lion et le bœuf. Les mains, le calice et le visage sont incrustés de marbre blanc.

Le cadre de la tombe renferme l'épitaphe du défunt, dont nous donnons ici la copie exacte :

ICI · 6IS6 · ꟼESSIRES · RENꟘVS · DE · COLVꟽBIER · IꟘDIS ·
DOYENS · DE · ꟾEꟘNS · QVI · 6RESPꟘSSꟘ .
LꟘN · DE · 6RꟘꟾE · ꟽ · ꟾꟾꟾ · Z · XXXVI · LE ·
VꟘNDREDI · VE6ILE · DE · SꟘIN6 · ꟘNDRIEN · PRIEZ ·
POVR ·
LꟘꟽE · DE · LI · QVE · DIEX · DONNE · ꟽERꟾI · IN · PꟘCE ·

Pierre. — Haut., 3^m,32 ; larg., 1^m,66.

Cette belle tombe, avec le temps, se brisa dans toutes ses parties, faute de n'avoir pas comblé le vide qu'elle recouvrait [1].

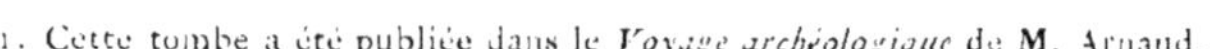

1. Cette tombe a été publiée dans le *Voyage archéologique* de M. Arnaud.

L'HOTEL-DIEU-LE-COMTE

L'Hôtel-Dieu s'élève dans le Quartier-Bas, sur les bords du canal, à l'extrémité occidentale de la primitive cité de Troyes. Il occupe un vaste quadrilatère, que longe au nord la rue de la Cité et au midi la place du Préau, et qui est limité à l'est par la rue Boucherat, à l'ouest par le canal et le quai des Comtes de Champagne.

Autrefois, la place du Préau était occupée par le palais de nos anciens comtes, séparé de l'Hôtel-Dieu par la rue de la Cave-Percée. Le quai des Comtes de Champagne et le canal n'existaient pas; un bras de la Seine, appelé le ru Cordé, coulait le long des bâtiments qui, de ce côté, reposaient sur une ligne de 157 pilotis.

L'Hôtel-Dieu a été fondé par Henri Ier, dit le Libéral, comte de Champagne (1152-1181); mais la charte de fondation n'existe plus [1]. Les Comtes de Champagne le dotèrent des biens et revenus nécessaires pour le soin des pauvres malades; ils en firent leur propriété, comme on le voit par des chartes de 1199 et de 1122, et dès l'an 1214 on le désignait sous le nom qu'il porte encore aujourd'hui d'Hôtel-Dieu-le-Comte, *Domus-Dei Comitis Trecensis*.

Il était jadis administré et desservi par des religieux et des religieuses de l'Ordre de Saint-Augustin, ayant à leur tête un Maître ou

[1] Grosley a publié (*Mém. histor. pour l'Histoire de Troyes*), t. II. p. 231-232) une charte de Clarambaud de Chappes, faisant donation à l'Hôtel-Dieu de trente arpents de pré à Menois. Il a daté cette charte de 1149, et tous les écrivains qui, depuis Grosley, se sont occupés de l'Hôtel-Dieu, en ont conclu que cette maison existait avant Henri le Libéral. Mais M. d'Arbois de Jubainville, ayant vérifié la charte de Charambaud, qui est aux Archives de l'Aube, a constaté qu'elle porte la date de 1199 : M° C° N° (nonagesimo) IX°. Henri le Libéral garde donc, conformément à la tradition, le titre de fondateur de l'Hôtel-Dieu (*Hist. des Comtes de Champagne*, t. III, p. 243-244, note).

Prieur. Des titres de 1197 font mention du Maître et des Frères ; une pièce de 1199 nomme les Sœurs ; mais religieux et religieuses y étaient probablement plus tôt, presque tous les titres antérieurs à 1196 ayant disparu. Un arrêt du Conseil du Roi, du 29 novembre 1662, fixa le nombre des religieux à dix et celui des religieuses à quatorze. En 1783, Courtalon nous apprend qu'il n'y restait plus que le Maître spirituel et sept ou huit religieuses. Les sœurs Augustines y sont restées jusqu'en 1853, époque où elles furent remplacées par les sœurs de Nevers.

Dans le cours des siècles, un très grand nombre de bienfaiteurs contribuèrent, par leurs libéralités, à l'entretien et au développement de l'Hôtel-Dieu. Leurs noms (il y en a plus de 380) sont gravés en lettres d'or sur sept tables de marbre noir appliquées au mur du couloir principal de la maison.

A la fin du XVIIe siècle, les anciens bâtiments, construits en bois, menaçaient ruine. La salle des hommes, en particulier, était dans un état si lamentable qu'on lui avait donné le nom de salle des Vingt-Quatre-Heures, parce que, disait-on, il était impossible de vivre plus longtemps dans un lieu aussi malsain.

Il fallut songer à reconstruire la maison et à l'agrandir. Sous l'impulsion de l'ancien Èvêque de Troyes, M. François Bouthillier, les directeurs des Hôpitaux se mirent à l'œuvre. Une loterie fut organisée, avec l'autorisation du Roi, le 4 avril 1700 ; mais l'incendie de la Cathédrale, survenu le 8 octobre, nuisit fort au succès : on ne plaça guère plus de la moitié des billets. Néanmoins, les travaux furent entrepris ; mais la guerre d'Espagne et la désastreuse année 1709 tarirent les ressources et il fallut attendre jusqu'en 1725 pour achever le pavillon situé sur le quai, où est actuellement installée la pharmacie. C'est un bâtiment composé d'un rez-de-chaussée avec quatre grandes fenêtres cintrées qui descendent presque au niveau du sol, et d'un premier étage qui se termine par une jolie corniche à modillons ; à cet étage est installée la Maternité. Dans les combles, du côté nord, s'ouvrent trois intéressantes lucarnes en œils-de-bœuf.

Une grêle épouvantable qui, le 16 mai 1728, causa plus de trois millions de dégâts dans la seule ville de Troyes, fut cause d'un nouveau retard. Néanmoins, grâce à l'énergique volonté de l'évêque de Troyes, Bénigne Bossuet, les directeurs des hôpitaux adoptèrent, en 1729, un projet complet de construction, dressé par l'ingénieur de la provincee de Champagne, M. Delaforce, seigneur de Saint-Aventin-sous-Verrières.

Ce projet comprenait un corps de logis principal, allant de l'est à l'ouest, avec deux ailes en retour, qui venaient aboutir à la rue de la Cité. C'est l'Hôtel-Dieu tel que nous le voyons actuellement.

La première pierre du bâtiment central fut posée en 1733, par M. Louis de Mauroy, Maire de Troyes. Moins de quatre ans après, les deux tiers du corps de logis principal et une partie de l'aile du couchant étaient terminés ; le 8 avril 1737, l'Évêque Bossuet bénissait la nouvelle salle des hommes.

Suspendus de nouveau à cause de la misère des années 1740-1741, les travaux furent repris en 1747, grâce à l'activité infatigable de M. Jean Berthelin, membre du Bureau des Hospices et plus tard Maire de Troyes. Ils furent dirigés par l'Ingénieur Legendre. En 1750, le bâtiment central était achevé. L'aile gauche, commencée tout de suite après, était terminée en 1753, et le 24 septembre M. Gouault, Grand-Vicaire de l'Évêque Poncet de la Rivière, bénissait la nouvelle salle des femmes.

L'ardeur du Bureau ne se ralentit pas. En 1755, il décida d'achever l'aile droite, et les travaux furent poussés avec la plus grande activité. Quand ils furent terminés, on fit exécuter par Pierre Delphin, serrurier à Paris, la grille monumentale en fer qui ferme la façade de l'Hôtel-Dieu sur la rue de la Cité. Elle fut posée en 1760.

Restait à construire la chapelle. La première pierre en fut posée le 18 octobre 1759 par le duc d'Estissac. Construite d'après les dessins de Legendre, elle fut rapidement achevée, et M. de Barral, Évêque de Troyes, put en faire la dédicace le 3 avril 1762. Elle s'élève le long de la rue de la Cité ; la façade regarde le Canal, et le chevet avec la sacristie forme l'extrémité de l'aile droite de l'Hôtel-Dieu.

L'ensemble de la construction avait coûté près de 380.000 livres, en y comprenant le prix de la grille, qui était de 34.000 livres [1].

Dans ces dernières années, l'Administration des Hospices, ayant acheté toutes les maisons qui s'élevaient entre l'aile gauche de l'Hôtel-Dieu et la rue Boucherat, a fait construire, sur leur emplacement, un hôpital pour les militaires, en rattachant, par un aménagement fort bien compris, la nouvelle construction à l'ancienne.

Actuellement, l'Hôtel-Dieu compte, outre la salle des militaires et la Maternité, quatre salles de malades : la salle Urbain IV et la salle du Comte Henri pour les hommes, la salle Jeanne-d'Arc et la salle Pasteur pour les femmes. Elles sont parfaitement installées et le service, dirigé par les sœurs, est très bien entendu.

LA CHAPELLE

La chapelle de l'Hôtel-Dieu a toujours été sous le vocable de saint Barthélemy. Une chapelle basse, placée autrefois comme aujourd'hui sous la chapelle principale, porte le nom de Sainte-Marguerite ; elle servait et sert encore à l'exposition des morts.

L'ancienne chapelle était située sur l'emplacement des dépendances de l'Hôtel-Dieu qui, à la suite de la pharmacie, longent le quai du canal. La porte d'entrée donnait sur le préau ; elle était décorée par les statues de la Sainte-Vierge et de Sainte-Marguerite qui sont maintenant dans la chapelle.

A l'extérieur, la chapelle est un bâtiment d'une simplicité extrême, formant un long rectangle, dans lequel s'ouvrent de chaque côté trois larges baies cintrées.

Un escalier de 17 marches donne accès à la façade, séparée du quai par une galerie à balustrade. Entre deux pieds droits s'ouvre la porte de la chapelle, surmontée d'un fronton triangulaire, dans

[1] Voir *La Construction de l'Hôtel-Dieu de Troyes*, par M. Albert Babeau, dans les *Mémoires de la Société Académique de l'Aube*, t. XXXVIII. 1874.

lequel est sculpté, au milieu de nuages et de têtes d'anges, et accompagné d'une palme et d'une branche d'olivier, le triangle symbolique qui représente la Trinité. Au-dessus s'ouvre un large oculus entouré d'une guirlande de feuillages et de fruits.

De chaque côté de la façade, le mur est en pan coupé. Sur celui de droite, on voit un cadran solaire très compliqué, divisé mois par mois, qui fut tracé en 1764 par un troyen, le très savant et très original mathématicien Jean-Baptiste Ludot (1704-1771).

On y avait gravé les inscriptions suivantes :

LES CIEUX CÉLÈBRENT LA GLOIRE DE DIEU

TU ES L'OUVRAGE DU TRÈS HAUT, SOLEIL ADMIRABLE

FUGIT IRREPARABILE TEMPUS

M DCC LXIV

La Révolution a effacé les deux premières lignes, ne laissant subsister que le vers de Virgile et la date.

A l'intérieur, la chapelle forme un rectangle, se terminant par un sanctuaire plus étroit et plus bas que la nef. Elle est garnie d'un bout à l'autre d'une boiserie en chêne.

L'entrée du sanctuaire est encadrée entre deux pilastres cannelés à chapiteaux corinthiens.

La chaire, également en chêne, a cinq panneaux, où sont sculptés le Christ et les quatre Évangélistes.

Peintures. — La chapelle est entièrement peinte, la voûte en couleur, la nef en grisaille. Les peintures ont été exécutées, vers 1867-1868, par Andréazzi.

La voûte, en plafond, est très élevée. Il y a trois compartiments peints. Celui du milieu, le plus important, renferme un triangle symbolique dans une gloire, entouré de nuages avec nombreuses têtes d'anges. Du côté de l'entrée, deux anges portent, en souvenir d'Urbain IV, une tiare et une croix papale. A l'opposé, du côté du sanctuaire, deux autres portent un ostensoir, en souvenir de l'institution de la Fête-Dieu.

Au-dessus de la porte est représentée sainte Marthe, tenant un goupillon pour dompter le démon qui est à ses pieds sous forme de dragon dressant la tête et dardant une langue acérée.

Dans le pan coupé, à gauche et à droite de la porte, sont représentés les ornements et les vases sacrés, que surmonte la croix papale.

Viennent ensuite, à gauche : saint Camille de Lellis, patron des hôpitaux et des malades ; sainte Hedwige, duchesse de Pologne, célèbre par sa charité envers les lépreux ; saint Joseph, patron de la bonne mort ; saint Charles Borromée, qui prodigua ses soins aux pestiférés ; à droite : saint Jean de Dieu, fondateur des Frères qui portent son nom, et patron des hôpitaux et des malades au même titre que saint Camille de Lellis ; sainte Elisabeth, reine de Hongrie, dont le miracle des roses changées en pain a rendu célèbre la charité à l'égard des pauvres ; saint Louis, roi de France, qui prodiguait l'aumône et se plaisait à nourrir lespauvres ; enfin, saint Vincent de Paul, patron de toutes les œuvres charitables dans l'Église catholique.

De chaque côté du sanctuaire, au-dessus des portes latérales, à fronton triangulaire, dont l'une conduit à la sacristie et l'autre à l'Hôtel-Dieu, il y a une peinture sur toile. Celle de gauche représente saint Barthélemy, patron de la chapelle, à demi-couché, se soulevant pour regarder une vision céleste. Celle de droite figure saint Bernard, patron d'un des anciens hôpitaux de Troyes ; vêtu d'une robe blanche, qui ressemble à une aube à plis, il écrit un de ses ouvrages.

Verrières. — Les fenêtres ont été ornées, en 1867, par les soins de sœur Louise Lalande, supérieure de l'Hôtel-Dieu, de huit verrières, exécutées par MM. Erdmann et Kremer, peintres-verriers à Paris.

Dans la rosace qui est au-dessus de la porte d'entrée sont peints deux sujets relatifs à saint Loup, évêque de Troyes. Dans le haut, saint Loup, apparaissant à une fenêtre au-dessus de le porte de la ville, apaise la fureur d'Attila, qui s'avance à la tête de ses bataillons ; un ange, armé d'un glaive, plane dans les airs et protège la cité. Ce fait, célèbre dans l'histoire, eut lieu à l'endroit même où est construite la chapelle de l'Hôtel-Dieu. Dans le bas, on a représenté la procession commémorative qui se faisait le jour de la fête de saint Loup et qui s'arrêtait à l'endroit où était la porte de la cité romaine, sous les murs de la chapelle. L'évêque qui préside la cérémonie est le portrait de Mgr Ravinet, évêque de Troyes de 1861 à 1875.

Dans les fenêtres de la nef sont rappelés six miracles évangéliques.

Première fenêtre à gauche : Jésus ressuscite la fille de Jaïre, l'un des chefs de la synagogue de Capharnaüm. *Tenuit manum ejus, et surrexit puella.* « Il la prit par la main, et la jeune fille se leva. » Ce vitrail a été donné par M. Eugène de Christon d'Auzon, administrateur des Hospices.

Deuxième fenêtre : Jésus ressuscite le fils de la veuve de Naïm, que l'on portait au tombeau. *Adolescens, tibi dico, surge.* « Jeune homme, je vous l'ordonne, levez-vous. » Vitrail donné par M. Charles-Victor Guyot, de Troyes, négociant à Paris.

Troisième fenêtre : Jésus ressuscite Lazare, frère de Sainte Marthe et de sainte Marie-Madeleine, qui depuis quatre jours était dans le tombeau. *Laʒare, veni foras.* « Lazare, viens dehors. » Don de sœur Louise Lalande et des sœurs de l'Hôtel-Dieu.

Première fenêtre à droite : Jésus guérit de la fièvre la belle-mère de saint Pierre. *Socrus Simonis tenebatur magnis febribus.* « La belle-mère de Simon Pierre était retenue au lit par une fièvre violente. » Donné en mémoire d'Eugène Vauve, capitaine au 99e de ligne, fils de Michel Vauve et de Marie-Louise de Roys, mort à l'Hôtel-Dieu le 5 avril 1866.

Deuxième fenêtre : Jésus guérit, à la piscine probatique de Bethsaïda, à Jérusalem, un homme qui depuis trente-huit ans était paralytique : *Sume grabatum tuum et ambula,* lui dit-il. « Prends ton grabat et marche [1]. » Vitrail donné par Mme Emilie Perrin, femme de M. Charles-Victor Guyot, donateur du vitrail qui fait pendant à celui-ci.

Troisième fenêtre : Jésus rend la vue à un aveugle qui demandait l'aumône à la porte de Jéricho. *Domine,* dit cet aveugle, *ut videam.*

---

[1] M. J.-P. Finot, dans ses *Verrières de la chapelle de St-Barthélemy. Hôtel-Dieu, à Troyes,* s'est trompé en prenant cette guérison pour celle du paralytique de Capharnaüm, descendu par le toit de la maison pour être présenté à Jésus-Christ.

« Seigneur, faites que je voie ! » Comme la verrière d'en face, celle-ci a été donnée par sœur Louise Lalande et la communauté.

Tous ces sujets sont peints dans des médaillons de forme allongée. Un large encadrement d'architecture et de rinceaux, en grisaille, fait ressortir ces tableaux d'une couleur chaude et harmonieuse.

Le mur droit qui forme le fond du sanctuaire est percé d'une petite fenêtre qui donne sur la sacristie. Un vitrail représente le comte Henri le Libéral, fondateur présumé de l'Hôtel-Dieu, à genoux, offrant de la main droite, à Dieu le Père qui est dans la rosace du haut de la fenêtre, la maison qu'il vient de fonder. Il est vêtu d'une tunique verte à orfroi d'or, d'un manteau de drap d'or fourré d'hermine, et d'un haut-de-chausses rouge ; sa tête est couverte d'une toque de velours rouge. Sa couronne et son sceptre sont posés sur une table, dont le tapis est timbré des armes de Champagne. — Dans la partie gauche du vitrail, en face du comte, sont quatre infirmes, figurant les pauvres malades pour lesquels est fondé l'Hôtel-Dieu. — Au-dessous est l'inscription suivante :

> Pour icelle maison des pauvres souffreteux
> Au comte Henri nostre sire soy Dieu secourable,
> Qui pour ladres, infirmes, estropiés, goutteux,
> Prie qu'en leur âme et corps tu leur sois pitoyable.

Autel des Fonts. — Les fonts baptismaux sont à l'entrée de la chapelle, à gauche. Sur un autel est placé un tableau qui sert de retable et qui représente le *Baptême de saint Augustin.* Le saint, vêtu de blanc, est agenouillé devant Saint Ambroise, qui, accompagné d'un autre évêque, verse l'eau baptismale ; sainte Monique, debout derrière son fils, que ses larmes et ses prières ont converti, est dans le ravissement.

Statue de la Sainte-Vierge. — Près des fonts baptismaux est une très belle statue de la sainte Vierge, donnée dans les premières années du xvi⁰ siècle par Nicolas Forjot, abbé de Saint-Loup, prieur et maître de l'Hôtel-Dieu, mort le 18 décembre 1514. Cette statue, en pierre blanche, mesure 1ᵐ 71[1]. La tête est nue ; les cheveux abondants, plantés très haut sur le front, séparés au milieu de la tête par une raie, se répandent en large nappe sur le dos ; de longues mèches ondulées tombent avec souplesse sur les côtés de la poitrine. La figure, qui exprime la douceur et la bonté, est large, le front bombé, les yeux en amande, avec de légères fossettes au coin des yeux.

La robe collante, ouverte en cœur, laisse apercevoir une guimpe froncée : elle est serrée à la taille par un ruban noué, assez court. Par-dessus, un manteau est attaché par un cordon à houppette, qui est noué sur la poitrine ; il couvre le bras droit, sous lequel il se relève, et le pan de ce côté est ramené pardevant le corps jusque sous le bras gauche. La bordure inférieure du manteau porte cette inscription en lettres capitales de fantaisie, comme on les aimait au commencement du XVIᵉ siècle : EGO MATER PVLCRE DILECTIONIS[2]. *Je suis la mère du bel amour*[3]. Le pied droit, chaussé, se laisse voir sous la robe. Les plis tombent avec beaucoup de naturel ; ils se brisent légèrement sur le pied.

Sur le bras gauche, Marie porte l'enfant Jésus, qui a le buste nu, une bande d'étoffe jetée en écharpe à travers le corps. Comme dans toutes les statues de cette époque, l'enfant Jésus a une grosse figure vulgaire, sans aucune expression.

A la main droite, la Vierge tient un bouquet de roses. Jésus tient un petit bouquet de roses à la main gauche et un raisin à la main droite. Ce sont, d'après MM. Kœchlin et Marquet de Vasselot, des réparations modernes[4].

A genoux aux pieds de la Vierge, à droite, l'abbé Nicolas Forjot, en surplis et chape attachée sur la poitrine par une patte toute simple, les mains gantées et jointes, ayant entre les bras la hampe en spirale d'une crosse dont la volute est brisée, tenait une banderole sur

---

[1] En 1867, cette statue était encore dans la chapelle basse de Sainte-Marguerite, mais l'on se proposait de la transférer dans la chapelle Saint-Barthélemy aussitôt que les travaux d'embellissement seraient terminés.

[2] Dans leur bel ouvrage *La Sculpture à Troyes au seizième siècle*, MM. Raymond Kœchlin et Marquet de Vasselot ont lu *Virgo* au lieu d'*Ego*. C'est une erreur.

[3] Ecclésiastique, XXIV, 24.

[4] En avril 1867, quand M. l'Abbé Coffinet rédigeait sa *Note concernant une statue de la Sainte Vierge donnée par Nicolas Forjot à l'Hôtel-Dieu* (*Annuaire de l'Aube*, 1868), la Vierge n'avait rien à la main droite.

laquelle devait être peinte ou gravée la prière ordinaire : *O mater Dei, memento mei.* Sa mitre est près de lui, posée debout par terre.

L'abbé Forjot, si remarquable à tant d'égards, n'était pas un type de beauté. Les traits sont gros et communs, le nez fort, le front fuyant. Il est presque chauve, avec une mèche de cheveux sur le devant. La statue de la Vierge est évidemment un don de sa vieillesse[1].

Cette œuvre, d'une facture remarquable, sortie d'un des meilleurs ateliers de la ville de Troyes, n'a point d'auteur connu. Mais elle est certainement l'une des premières qu'ait produites l'école troyenne, alors en formation, et l'on n'en trouverait guère qui lui soient supérieures.

Statue de sainte Marguerite. — En face de la statue de la Sainte Vierge est une statue de Sainte Marguerite, qui, sans avoir un mérite égal, ne manque cependant pas de valeur.

La sainte, les mains jointes, est debout sur un énorme dragon ailé,

au corps écailleux, renversé sur un massif de rochers, les pattes relevées, la queue immense tordue en anneaux, la gueule pendante, avec un morceau de la robe qui lui reste entre les dents.

Sur la tête, sainte Marguerite porte une très jolie coiffe brodée, en forme de bonnet, attachée sous le cou par un cordon. Sa longue chevelure retombe sur ses épaules. Sa robe collante est nouée par un long ruban ; les manches, étroites sur les bras, sont bouffantes aux poignets. Un manteau lui couvre le dos, et les pans, ramenés par devant, se rejoignent sur les pieds.

La figure a quelque chose de trop mignard ;

67.

---

[1] Sur un vitrail placé dans la sacristie de la chapelle de l'Hôtel-Dieu, où saint Loup était représenté arrêtant Attila, on voyait le portrait de Nicolas Forjot, avec cette inscription : « Nicolas Forjot, abbé de sainct Loup et prieur de céans, fist faire ceste verrière en l'honneur de Dieu et du dict sainct Loup en 1512. Priez Dieu pour luy. »

C'est dans ses dernières années surtout que Forjot a comblé l'Hôtel-Dieu de ses dons.

la pose est un peu maniérée. L'exécution est moins soignée, sauf
pour la coiffe et le dragon, que celle de la statue de la Vierge.

Cependant, les deux statues ont été faites pour être mises en
regard l'une de l'autre. Elles ont les mêmes dimensions[1], et un
certain air général de ressemblance permettrait de croire que, sorties
du même atelier, l'une est l'œuvre du maitre, l'autre celle de l'élève.

Châsses. — Contre le mur du fond du sanctuaire, sur des consoles,
sont posées les châsses de saint Barthélemy et de sainte Marguerite,
patrons de la chapelle haute et de la chapelle basse de l'Hôtel-Dieu.

La première, qui est à gauche, est un travail remarquable d'orfèvrerie, daté de 1520. C'est une châsse en cuivre doré, représentant
une église à transept, de style gothique, où déjà la Renaissance
apparaît dans les portes et les fenètres cintrées. Sur chaque face, il
y a deux fenêtres, à trois lancettes trilobées et à tympan flamboyant ;
elles sont séparées par le transept, dont le pignon aigu, avec gàble
à crochets, est encadré par deux pinacles à fleurons. Une corniche à
modillons est surmontée d'une galerie à jour. La toiture en écailles
se termine par une très jolie crête fleurie. Au centre de la toiture
s'élève, sur une arcature ronde, un dôme ciselé à jour, de la forme la
plus élégante et qui s'achève par un fleuron supportant une croix.
Aux deux extrémités de la chàsse, un pignon à crochets, semblable à
ceux de transept, est orné d'une rosace gothique.

Sur les portes du transept sont sculptés en relief saint Côme
et saint Damien, qui, en leur qualité de patrons des médecins, des
chirurgiens et des apothicaires, étaient fort honorés à l'Hôtel-Dieu de
Troyes. L'un, coiffé d'un chaperon, vêtu d'une longue houppelande
à larges manches, tient une spatule de la main gauche et un vase de
la main droite. L'autre, en robe longue, un livre à la main droite,
examine une fiole remplie de liquide qu'il tient de la main gauche.

Sur les portes qui sont aux extrémités de la chàsse, sont également
sculptés en relief les patrons de la Chapelle de l'Hôtel-Dieu, saint

---

[1] La hauteur totale de la *Sainte Marguerite* est de 1^m70, la sainte toute seule n'a
que 1^m11.

Barthélemy et sainte Marguerite, le premier tenant d'une main
un livre et de l'autre le coutelas qui servit à l'écorcher, la seconde
foulant aux pieds un dragon.

68. — CHASSE DE SAINT BARTHÉLEMY.   DESSIN DE CH. GRIS.

Les pignons du transept sont décorés d'armoiries : d'un côté, ce
sont les armes de Champagne, avec cette particularité que les fleurs
de lys, au lieu d'être placées en chef, sont disposées en bande ; de
l'autre côté, ce sont les armes des Villemor, écartelées au 1 de gueules
à une ramure de cerf d'or, soutenant une molette du même ; au 2,
d'azur à une bande d'argent chargée d'un lion de sable passant ;
au 3, de gueules à trois besants d'argent, le chef d'azur chargé de trois
étoiles d'or : au 4, d'azur au chevron d'or accompagné de trois roses
du même, deux en chef, une en pointe (peut-être de Vitel).

Dans cette châsse est enfermée une pièce en parchemin, attestant

que Philippe de Villemor, prieur commendataire et administrateur perpétuel de l'Hôtel-Dieu, l'a fait faire à ses frais, et que Nicolas Pennel, abbé de Saint-Loup, la bénit le Jeudi Saint de l'an 1520, en l'honneur des saints Côme et Damien. M. Philippe Guignard, alors archiviste de l'Aube, a publié cette pièce en 1853 [1].

68 *bis*

Au côté droit du sanctuaire est exposée la châsse de sainte Marguerite, elle est en bois doré, de forme rectangulaire, avec une ouverture ovale sur le devant pour laisser

69.

70.

[1] *Les Anciens statuts de l'Hôtel-Dieu-le-Comte de Troyes.* p. XIX.

voir les reliques. Deux anges sont debout de chaque côté de l'ouverture. La châsse est couverte d'une toiture en écailles.

Chapelle Sainte-Marguerite. — Cette chapelle, construite au-dessous de la chapelle Saint-Barthélemy, est à voûte surbaissée, avec une abside demi-circulaire.

Il y reste quelques fragments de pierres tombales. Sur la plus rapprochée de la porte, on lit seulement (en petites majuscules) : ... .. ANNÉE DE SON AAGE..... DE TROIES. PRIEZ DIEV POVR LVI.

Sur une autre. on lit (en petites majuscules) : FRERE IOSEPH LE FEBVRE PRESTRE CHANOINE.... DE L'EGLISE COLLÉGIALE DE S. ETIENNE DE LA VILLE DE TROIES.

Deux fragments d'une dalle en marbre noir portent dans l'encadrement : ... R. SR DE GVICHAVMONT P... EST DÉCÉDÉ ; et dans le champ de la dalle : LE 16e IOVR DE.... 1644. PRIEZ DIEV POVR LE REPOS DE SON AME. — Un écusson incomplet, entouré de lambrequins, est à trois bandes, le chef chargé de trois roses (ce sont les armes de la famille Le Marguenat).

Sur une dernière pierre tombale, de plus grandes dimensions, il ne reste plus que des fragments de lambrequins dans le haut.

A la suite de la chapelle Sainte-Marguerite, des magasins de provisions s'étendent sous la chapelle Saint-Barthélemy. La chapelle du bas et les magasins sont éclairés par trois fenêtres en arc surbaissé, qui donnent sur la rue de la Cité.

Tableaux de la Sacristie. — La Sacristie est décorée de plusieurs tableaux.

L'un représente l'Adoration des bergers. L'attitude de la Vierge est assez bizarre, et il y a chez les bergers un mouvement excessif que le sujet ne comporte pas. C'est une œuvre française du XVIIIe siècle.

Un autre tableau représente Jésus déposé de la Croix. Il est assez bon, dans le genre italien du XVIe siècle.

Le troisième tableau a pour sujet saint Barthélemy, écorché par deux bourreaux en présence du roi qui l'a condamné à mort. Œuvre de la première moitié du XIXe siècle.

***Croix processionnelle du XIV*e* siècle.** — On conserve à la
sacristie une très belle croix processionnelle, couverte de feuilles
d'argent repoussé, qui se termine aux quatre extrémités par des
quadrilobes et des fleurons en forme de fleurs de lys.

71.

Les quatre bras sont ornés, sur un fond de grènetis, de jolis
rinceaux à feuillages et à fleurs, qui deviennent, aux extrémités des
feuilles et des fleurs de rosier. Sur l'évasement des bras, de chaque
côté, de nombreuses fleurettes d'argent sont attachées à la croix. Des
gemmes enrichissent les fleurons qui sont aux extrémités : dans le
haut, un saphyr et une cornaline gravée de deux branches d'olivier
au milieu desquelles est une étoile; à gauche, un diamant et une
émeraude; à droite, un saphyr et une turquoise; dans le bas, une

émeraude et une aigue marine. Une améthyste est au-dessus du titre de la croix.

Les quadrilobes sont en vermeil. Ils portent les quatre animaux symboliques qui désignent les évangélistes : le lion de saint Marc est dans le haut, l'aigle de saint Jean à gauche, le bœuf de Saint Luc à droite, l'ange de saint Mathieu dans le bas; chacun d'eux tient une banderole.

Au milieu de la croix est un carré en vermeil, sur lequel se détache, finement travaillée, la tête du Christ, à l'expresion douloureuse. Jésus, couronné d'épines, ses longs cheveux pendants, lève les yeux au ciel. Ses bras sont largement étendus. Le milieu du corps est couvert d'un linge étroit, noué sur le côté et terminé par une frange. Les pieds sont attachés par deux clous ; la jambe gauche, légèrement contractée, descend un peu moins bas que la jambe droite [1]. Le titre INRI est sur un tillet dans un cartouche échancré que surmonte une tête d'ange ailée.

Le revers de la croix est tout pareil à la face principale, sauf qu'au milieu est représenté l'Agneau de Dieu, à la toison épaisse, tenant de la patte gauche relevée une croix triomphale, à bannière et banderole, qu'il regarde en retournant la tête. La bannière est timbrée d'une croix pattée.

Au-dessous du fleuron d'en bas est une pomme d'argent, de $0^m 37$ de circonférence, ornée, sur fond de grènetis, de jolis rinceaux de feuilles et de fleurs. C'est probablement sour cette pomme que M. Philippe Guignard a lu, en 1853, le nom du F. N. ANTHOINE M. D. L. D. L. CONTE [2] 1597. Cette date devait être celle d'une restauration, car la croix est bien antérieure. Aujourd'hui l'inscription a disparu et elle a été remplacée par celle-ci : ✠ CETTE CROIX DU XIVᵉ SIÈCLE A ÉTÉ RESTAURÉE EN 1861 PAR E. DUFOUX ORFÈVRE A TROYES DES DENIERS DES HOSPICES.

[1] Le Christ n'est pas du XIVᵉ siècle : il doit être du XVIIᵉ.

Maître de l'Hôtel-Dieu-le-Comte (Guignard, *ubi supra.* p. XX).

Un bâton couvert de feuilles d'argent en spirale sert à porter cette croix en procession.

La hauteur totale de la croix, y compris la pomme et la douille, est de o^m 80; sans la pomme, de o^m 59. La largeur des bras est de o^m 45.

Croix-reliquaire du XIVe siècle. — L'objet le plus précieux du trésor de l'Hôtel-Dieu, à la sacristie, est une croix-reliquaire de la fin du xive siècle, en argent doré et émaillé, de la forme la plus élégante.

Le Christ, en argent, n'a point de couronne ; sa tête est profondément penchée sur sa poitrine; un linge doré le couvre de la ceinture aux genoux ; un seul clou attache les deux pieds.

Un médaillon circulaire, en émail champlevé, à croix rouge pattée sur fond bleu semé de gracieux et délicats feuillages noirs, sert de nimbe crucifère à la tête du Christ. L'émail est entouré d'un cercle d'argent doré, sur lequel sont gravés douze lobes tréflés [1].

Les quatre bras, ornés de légers rinceaux, se terminent par un petit quadrilobe à émail champlevé et par une très jolie fleur de lys. Sur fond d'émail bleu, les animaux symboliques, en argent doré, tiennent des banderoles sur lesquelles ont lit : **ave**. On pourrait croire que cet *ave* s'adresse à la croix, abrégeant le vers *O crux, ave, spes unica,* de l'hymne *Vexilla regis;* mais la banderole du bœuf porte : **ave m**, ce qui semble vouloir dire : *Ave, Maria.*

Dans le quadrilobe du haut est l'aigle de saint Jean, portant le nimbe crucifère doré; dans celui de gauche, le lion de saint Marc, debout sur un tertre vert, les pattes en émail jaune ; à droite, aussi sur un tertre vert, le bœuf de saint Luc, aux pieds et à la queue en émail jaune ; dans le bas, l'ange de saint Mathieu, au nimbe vert et à la figure dorée.

---

[1] Ce médaillon a o^m 052 de diamètre : la partie émaillée a o^m o3.

Les fleurs de lys qui terminent les quatre extrémités de la croix
sont garnies de gemmes et de pierres gravées : rubis, grenats, topazes,
améthystes, cornalines et saphyrs. Les pierres gravées ont peu
d'importance au point de vue artistique : un fleuron sur une pierre
verdàtre, dans le bras du haut ; une fleur, une tête de femme avec
couronne à pointes d'épines, un bélier ou une chèvre sur trois topazes,
dans le bras gauche ; les lettres **A** et **V** entrelacés, et un bouc sur
deux topazes, dans le bras droit ; un sujet grossièrement traité sur
cornaline, semblant représenter, dans le bras inférieur, un soldat qui,
devant un arbuste, lance un trait en se couvrant de son bouclier.

Dans la fleur de lys du pied de la croix est une petite croix en vermeil,
qui, par une fente étroite garnie de verre, laisse apercevoir une parcelle
de la vraie croix.

Au revers, le médaillon central renferme, sur le même fond d'émail
bleu semé de feuillages très fins, un agneau blanc, symbole du Sauveur
immolé, debout sur un tertre vert, portant le nimbe rouge avec croix de
vermeil. Une croix de résurrection, pattée, garnie d'une banderole en
forme d'aile sur laquelle est une croix pattée en émail rouge, est debout
par derrière le corps de l'agneau, qui retourne la tète. Autour de l'émail
sont trois cercles concentriques en vermeil, séparés par des hachures ;
celui du milieu s'interrompt pour former quatre branches d'arbre, qui
se prolongent en rinceaux dans les quatre bras de la croix.

Dans la fleur de lys du pied de la croix, au revers, est une plaque
d'argent de 0^{m}04. sur laquelle est gravée en noir l'inscription suivante :

frater · petrus · troberii

magister · domus · dei · tree

ensis · fecit · hanc · crucen

Le médaillon central et les quatre fleurs de lys, sur la face et le revers,
sont garnis de charnières pour permettre de placer les reliques à
l'intérieur.

Une partie de l'émail a disparu et laisse voir le métal très finement
gravé en feuillages [1].

72.

Par inadvertance, le graveur a mis *Troberii* au lieu de *Trolerii*.
Cette croix fut, en effet, exécutée par les soins de Pierre Trolier, maître
de l'Hôtel-Dieu depuis 1357 jusqu'après 1386.

[1] M. Gaussen a reproduit cette croix en chromolithographie dans son *Portefeuille
archéologique de la Champagne*. La notice a été écrite par M. l'abbé Tridon, qui,
trompé par l'apparence, a cru que la croix était du XIII° siècle.

Le dessin a donné, par erreur, à l'Agneau de Dieu le nimbe d'or au lieu du nimbe couleur de sang qu'il a sur la croix. De même, l'inscription de fondation est inexactement reproduite : le nom du donateur est écrit *Froberii*, que M. Tridon a traduit par *Pierre de Frober ; Trecensis* a été écrit *Trecencis*, et an lieu du mot fautif *crucen* que porte la croix, M. Gaussen a mis *crucem*.

Cette belle croix-reliquaire est posée sur un pied de cuivre doré, à huit compartiments, que supportent quatre griffes de lion.

La hauteur de la croix, sans le pied, est de 0m28 ; avec le pied, de 0m41 ; la largeur des bras est de 0m25. Le pied a 0m23 de longueur et 0m14 de largeur.

Bras-reliquaire de sainte Barbe. — La sacristie possède encore un bras-reliquaire en argent, qui porte le nom de **barbe** en beaux caractères gothiques sur une plaque d'argent ciselé. La main est en bois.

Le poignet, qui était autrefois garni de gemmes, les a presque toutes perdues, sauf une turquoise et une magnifique topaze de première grandeur.

Ce bras-reliquaire doit être de la seconde moitié du xv siècle. Une lettre de recommandation, donnée le 24 septembre 1477 par les vicaires généraux de Langres aux porteurs des reliques de l'Hôtel-Dieu de Troyes, mentionne les reliques de sainte Barbe [1].

La longueur du bras, sans la main, est de 0m30.

Evangéliaire manuscrit. — Pour terminer l'inventaire du Trésor, nous devons citer un Evangéliaire sur parchemin, écrit en gothique, relié en maroquin rouge. Le plat de la couverture est couvert de velours rouge

73.

---

[1] Guignard. *les anciens statuts de l'Hôtel-Dieu.* p. 112. L'original sur parchemin est aux **Archives.**

avec cuir doré et estampé. Dans un encadrement à six fleurons dorés est
un joli médaillon ovale où le Calvaire est représenté : le Christ ne porte
pas la couronne d'épines et il est attaché par quatre clous ; la Madeleine
se met à genoux pour embrasser la croix ; la Vierge et saint Jean, placés
à droite, lèvent des regards éplorés vers Jésus.

Le manuscrit se compose de 45 folios, en comptant le folio de garde ;
comme ils étaient fort détériorés, on les a regarnis avec du parchemin plus
frais. Le folio 2 est d'une écriture différente du reste du volume ; les
rubriques et les titres sont en pourpre, tandis que partout ailleurs ils
sont en rouge.

Le texte commence, avec l'année liturgique, au premier dimanche de
l'Avant et se termine par la Passion du Vendredi Saint. Deux évangiles
contenant la généalogie de Jésus-Christ d'après saint Mathieu et saint Luc,
qui se lisent après le dernier répons de Matines, l'un le jour de Noël,
l'autre le jour de l'Epiphanie, sont notés ; mais le premier, étant à moitié
effacé, a été récrit en minuscules romaines par N. Bertrand, *presbiter,
S. Remigii Ædituus, Anno 1734,* comme on le voit au bas du folio 8.

Les évangiles sont généralement les mêmes que dans le missel romain
actuel. Il y a cependant quelques divergences : ainsi, l'évangile du
premier dimanche de l'Avant est celui qu'on lit aujourd'hui le dimanche
des Rameaux.

Les initiales sont coloriées. Plusieurs folios sont encadrés de rinceaux
bleus, verts, rouges et dorés. Deux petites miniatures représentent saint
Jean écrivant son Évangile et l'Adoration des Mages. Au folio 44, une
grande miniature sur fond vert représente le Christ en croix, assisté de
sa mère et de saint Jean.

Ce manuscrit a 0^m32 de hauteur, y compris la couverture, et 0^m29
sans la couverture.

LA PHARMACIE

La Pharmacie occupe la partie de l'Hôtel-Dieu qui donne sur le canal.

Elle se compose de deux grandes salles. La première, qui sert d'officine, est voûtée ; elle forme quatre travées, dont les nervures viennent retomber sur une colonne centrale [1]. La seconde salle renferme tous les anciens vases et boîtes à médicaments.

Dans la première salle sont deux gros mortiers. L'un, qui est tout semé de fleurs de lys, porte la date 1654 sur le bord supérieur ; il a pour anses deux têtes de lions à longue crinière. L'autre, qui a 0m34 de hauteur et 0m43 de diamètre, porte la marque du fondeur : une cloche surmontée d'une étoile, entourée d'une palme et d'une branche d'olivier, avec le nom en exergue CLAVDE BENARD M FONDEVR. Sur les deux faces du mortier, la marque est entre trois écussons lisses, en forme de losange. Les anses représentent deux têtes de mouton.

74. — LA PHARMACIE DE L'HOTEL-DIEU.   DESSIN DE CH. FICHOT.

Notons aussi deux poids anciens en cuivre. L'un, qui est à charnière, renferme toute une série de poids qui représentent un kilogramme ; le couvercle, à anse qui simule un Esprit Saint, est marqué d'un petit calice. L'autre contient des poids d'une, de deux, de quatre et de

[1] Un dessin de cette salle a été donné, par M. Emile Vaudé, dans l'*Annuaire de l'Aube, 1867*.

huit onces ; on y a gravé le poids en grammes : 31 gr. 25, 62 gr. 50, 125 et 250 grammes.

Une médiocre Vierge en bois, haute de 0^m82, se trouve dans cette salle. L'enfant Jésus, nu, tient de la main gauche un raisin et de la main droite cherche à prendre un petit oiseau qui est sur le bras de sa mère.

La deuxième salle est remplie de vases en faïence ancienne, de formes diverses, avec les noms des médicaments qu'ils contiennent. Ils sont, en général, blancs et bleus ; un certain nombre, plus richement décorés, sont bleus et jaunes ; beaucoup de boîtes, sur lesquelles est représentée la plante médicinale qu'elles renferment, garnissent les rayons supérieurs.

Sur la cheminée, un très joli vase bleu, en forme de potiche, est orné de fleurs et de douze médaillons, dont quatre représentent un cavalier qui arrive au bord de la mer, quatre un pêcheur à la ligne, et quatre un pêcheur avec son filet sur l'épaule.

75.

La pharmacie renferme un certain nombre de mortiers du xvie siècle, en bronze. L'extérieur est divisé en quatre, cinq ou six compartiments, séparés par une sorte de branche à plusieurs nœuds et ornés de divers dessins : étoiles, fleurons, croissants, mufles de lion, figures grotesques, têtes de femme, armes de France entourées du collier de Saint-Michel, sainte Marguerite debout sur son dragon. Sous cette dernière figure est une marque ronde en relief. Deux mortiers minuscules sont hauts de trois centimètres et demi.

Un vase-biberon, à anse et long goulot, porte sur son couvercle à charnière : L'HOTEL-DIEU LE COMTE 1727.

Une cuiller en cuivre doré, à manche court et à large palette, qui peut être du XIIe ou XIIIe siècle, servait autrefois à donner la communion sous l'espèce du vin. Le manche se termine par une petite statuette ciselée, représentant le prêtre qui de la main gauche tient le calice et le consacre de la main droite.

Vases historiés de Notre-Dame de Liesse. — Deux vases, en forme de potiches, sont décorés de peintures qui reproduisent toute la légende de Notre-Dame de Liesse au diocèse de Soissons.

Dans la première moitié du XIIe siècle, trois chevaliers picards, le seigneur de Marchais et les deux frères d'Eppes, furent faits prisonniers

75.

par les Sarrasins d'Ascalon et emmenés au Caire pour être présentés au Soudan d'Egypte. Cette comparution forme la première scène de notre légende. Le Soudan est assis sur son trône, ayant au-dessous de lui deux docteurs musulmans, dont l'un tient un livre ouvert, peut-être le Coran ; des gardes, armés de lances, sont au pied du Tribunal. Les trois chevaliers chrétiens, en cuirasse et casque à panache, sont amenés, les mains liées, par un soldat sarrasin qui tient une hache ; l'un d'eux porte sur la poitrine une grande croix potencée.

Enfermés dans une prison, ils y passèrent deux années sans que les menaces ni les promesses eussent raison de leur courage. La fille du Soudan, nommée Ismérie, princesse d'une haute intelligence et d'une rare beauté, voulut essayer de les amener à la religion de Mahomet. Ce fut le contraire qui arriva. Les chevaliers lui enseignèrent la religion chrétienne, et elle fut si touchée de les entendre parler de la Sainte Vierge qu'elle exprima le plus vif désir de voir une de ses images. Ils s'offrirent à lui en sculpter une ; mais, inhabiles, ils ne purent ébaucher qu'une statue informe. Fatigués de leur travail, ils s'endormirent, et le lendemain, à leur réveil, ils trouvèrent leur petite statue merveilleusement achevée. Un ange l'avait apportée dans la prison, et c'est cette apparition que représente une scène épisodique du vase del'Hôtel-Dieu.

Ismérie revint, dans la journée, visiter les prisonniers, qui lui présentèrent la statue miraculeuse. Elle en fut ravie et, touchée de la grâce, elle résolut de se faire chrétienne. La nuit suivante, la Sainte Vierge lui apparut et lui dit de partir pour la France avec les trois chevaliers. Docile à cette voie céleste, Ismérie se rendit, la nuit même, à la prison ; sur notre vase, on la voit recevant la statue de la Sainte Vierge des mains d'un chevalier qui porte la croix sur la poitrine ; un autre tient sous son bras les quelques bagages qu'ils vont emporter ; leurs fers sont brisés, ils sont prêts à partir.

Les fugitifs, après quelques heures de marche, s'endorment vaincus par la fatigue. Lorsqu'ils se réveillent, quelle inexplicable surprise ! Les palmiers d'Egypte et le désert de sable ont disparu ; ils sont dans les prairies verdoyantes et sous les arbres de la France. Sur le second vase de l'Hôtel-Dieu, ils regardent avec stupeur, et ils aperçoivent un berger, gardant son troupeau, sa houlette à la main, et jouant de la cornemuse. Ismérie a toujours près d'elle la statue miraculeuse. Dans le ciel, au milieu des nuages, apparaît la Vierge-Mère entourée d'anges.

Reconnaissant leur pays, les chevaliers comprennent le miracle dont ils ont été l'objet : la Sainte Vierge les a transportés, pendant leur sommeil, jusqu'auprès du château de Marchais Ismérie cherchait la statue miraculeuse, qui avait momentanément disparu ; elle l'aperçoit au-dessus d'une fontaine, la reprend et se dirige vers le château ; mais

la petite statue devint tout à coup si lourde qu'Ismériedut la poser à
terre et que les chevaliers firent en vain tous leurs efforts pour la

76.

soulever. Ils comprirent que
la Sainte Vierge voulait être
honorée en cet endroit, et ils
firent vœu de lui élever une
église.

C'est la dernière scène représentée sur le second vase de
l'Hôtel-Dieu. Sur une fontaine,
près de laquelle est un arrosoir
en forme de vase pansu avec
pomme d'arrosage, est placée
la statue miraculeuse. Ismérie
et les chevaliers, l'un d'eux
ayant toujours la croix sur la
poitrine, font vœu de construire
une église, et derrière eux un
architecte en apporte le plan.
Le fond du tableau représente
l'église qui s'élève; par une
échelle posée contre les murs

en construction, trois ouvriers sont montés jusque dans le haut et
posent les pierres.

Cette église reçut le nom de Notre-Dame de Liesse, c'est-à-dire Notre-
Dame de Joie. Elle est devenue un lieu de pèlerinage célèbre dans toute
la France; Jeanne d'Arc y vint prier, et chaque année, pendant de longs
siècles, elle recevait plus de 5o.ooo pèlerins.

**Bustes - reliquaires de saint Barthélemy, de sainte Mar-
guerite et de saint Florentin.** — On conserve à la pharmacie trois
bustes-reliquaires du xv⁰ siècle, que des quêteurs délégués par l'Hôtel -
Dieu portaient de diocèse en diocèse pour solliciter les aumônes des
fidèles. En 1450, ces quêteurs partirent de Troyes, accompagnés d'un

religieux bénédictin et d'un sergent royal à verge; ils étaient, en 1451, dans le diocèse d'Orléans. D'autres parcoururent, en 1477, les diocèses de Troyes, de Langres et d'Autun. Les fidèles accouraient à l'église pour entendre raconter la vie des saints dont ils vénéraient les reliques, et pour voir peser devant les reliquaires les malades et surtout les enfants, qui donnaient en aumônes de toute nature l'équivalent de leur poids.

Le buste de saint Barthélemy, de grandeur naturelle, est en bois, revêtu de plaques d'argent bruni. Le saint est barbu, peint au naturel, mais la peinture a été refaite, et assez médiocrement. L'orfroi de son vêtement, ouvert sur la poitrine en forme de V, est semé de fleurettes, de fraises et de pierres précieuses (émeraude, saphirs et topazes). Le bas du buste, en cuivre doré, est également couvert de gemmes et de fraises; au milieu, est fixé un gros cabochon ovale, en cristal, qui recouvrait autrefois une miniature du saint, aujourd'hui effacée. — Sur le sommet de la tête, à la place de la tonsure, une corne transparente laisse voir une bande de parchemin, sur laquelle on lit, en caractères gothiques manuscrits du xvᵉ siècle : **le chef s. Bartholomy**. Cette ouverture est entourée d'un cercle en argent doré, finement estampé, où sont représentés des fleurettes avec têtes d'anges et des dragons affrontés.

Hauteur de buste, 0ᵐ 44. Largeur, 0ᵐ 37.

Le buste de sainte Marguerite est aussi de grandeur naturelle, en bois, recouvert de feuilles d'argent. La peinture est du xvᵉ siècle. Ses cheveux, qui tombent en longues mèches, sont couronnés d'un diadème, semé de gemmes et de marguerites, en relief, à demi épanouies. Le bord de la robe, au col, est garni de nombreuses marguerites et de deux saphyrs; le bas du buste est orné de deux fraises et d'une améthyste. Un gros cristal, de forme ovale, recouvre une petite miniature de sainte Marguerite. — Au sommet de la tête est l'ouverture par où l'on vénérait les reliques.

Hauteur, 0ᵐ 38. Largeur, 0ᵐ 35.

Le buste de saint Florentin est en bois, avec peinture de la même époque. La figure est jeune et belle. Le haut de la tête s'enlève, à la façon d'un couvercle. La bordure du col et le bas du buste simulent des pierres précieuses. La relique est sur le devant, avec cette inscription : **Ex capite S. Florentini.**

Hauteur, 0^m 44. Largeur, 0^m 50.

Écran en tapisserie. — Le dernier objet à signaler dans la pharmacie est un écran en tapisserie, où sont représentés deux sujets encadrés de fleurs.

Dans le haut, à droite, une princesse est assise tenant une corne d'abondance pleine de fleurs. Près d'elle, une de ses femmes, agenouillée, tient une fleur à la main; une autre lui apporte une corbeille de fleurs. Un génie voltigeant au-dessus de la princesse, vient lui mettre une couronne sur la tête.

Le sujet du bas est un génie ailé conduisant sur une brouette un vase d'orfèvrerie, à anses et godrons, garni de fleurs. Un autre porte sur sa tête une corbeille fleurie.

SALLE DU CONSEIL.

Tapisserie historiée. — Une des parois de la salle du Conseil est couverte d'une tapisserie représentant une chasse au sanglier.

La bête vient d'être débusquée de la forêt; deux chiens sont à ses trousses et la serrent de près; un autre accourt à sa rencontre. — Derrière le sanglier, un piqueur lui lance un coup d'épieu, tandis qu'un gentilhomme à cheval, l'épée à la main, se précipite à toute vitesse à sa poursuite. — Au-devant de la bête arrive un autre chasseur à cheval, armé d'un épieu; et tout au fond, à droite, derrière un tronc d'arbre brisé, accourt un piqueur avec son arme.

Le devant de la tapisserie est couvert de fleurs champêtres. Un arbre, derrière lequel passe le vieux sanglier, occupe le milieu de la scène. Au fond du tableau, deux manoirs, dont l'un est située sur un tertre élevé [1].

77.

Portrait du comte Henri. — Sur la paroi qui fait face à la tapisserie est placé, à droite, le portrait sur toile du comte Henri, avec cette inscription : *Henri Ier, dit le Libéral, comte de Champagne, fondateur de l'Hôtel-Dieu, à Troyes* (1127-1181).

La figure encore jeune, intelligente et fine, le comte est debout, le bras droit étendu comme pour donner l'ordre de construire l'Hôtel-Dieu, la main gauche fouillant dans son aumônière pour y prendre l'argent nécessaire. Il a sur la tête une toque rouge ; sur un vêtement vert, assez court, orné de joyaux et d'un large orfroi d'or et de pierreries, est jeté un long manteau en drap d'or avec une fourrure qui descend sur la poitrine. Il porte des chausses rouges collantes et des souliers en cuir rouge.

Sur une table sont déposés le sceptre et la couronne. Les armes de Champagne sont peintes sur le haut d'un pilastre, à gauche du tableau.

[1] Une tapisserie de verdure avec cigognes se trouve dans le cabinet du directeur de l'Hôtel-Dieu.

Portrait de Pierre Nivelle. — Faisant pendant au portrait du comte Henri, on voit, à gauche, le portrait de Pierre Nivelle, abbé général de l'ordre de Citeaux à quarante-cinq ans, second successeur de Richelieu sur le siège épiscopal de Luçon, né à Troyes en 1581, mort en 1660.

Le prélat est assis sur un fauteuil de bois très simple, à siège et dossier de cuir. Vêtu de la robe blanche et du scapulaire noir des cisterciens, il porte un rochet de dentelle et une mosette noire, avec une petite croix pastorale aussi modeste que possible. Il a la tête couverte de la barrette à quatre cornes, en sa qualité de docteur en théologie. Les cheveux sont rasés suivant l'usage religieux ; la moustache est très courte. La figure est intelligente et énergique. A la main droite (l'anneau pastoral est à l'index), il tient un rouleau de papier ; la main gauche est posée sur une table devant lui.

Ses armes sont dans le haut du tableau, à droite : d'azur, à un massacre de cerf d'or, posé de front et supportant une croix pattée du même. L'écusson est surmonté d'une mitre et d'une crosse, au-dessus desquelles est posé le chapeau épiscopal, avec quatre rangs de houppes.

Tableau de sainte Anne. — Ce tableau, signé FRIQUET TRECENSIS 1669, est placé dans le cabinet du médecin de la salle du comte Henri. C'est une œuvre de mérite, qui gagnerait à être mise en meilleure lumière.

Sainte Anne, la tête voilée, enveloppée d'un manteau rougeâtre qui s'écarte sur les bras et couvre le bas du corps, les pieds nus avec sandales attachées par des courroies, est assise sur un fauteuil, tenant de la main gauche une bande de parchemin sur laquelle sont des caractères hébraïques que, de l'index de la main droite, elle montre à Marie.

Marie, la main gauche sur la poitrine, la main droite posée sur le parchemin, lit attentivement. Ses cheveux tressés sont roulés en chignon. Elle porte une jupe bleue sous une robe d'un blanc rosé.

Derrière elle, saint Joachim est debout, la main droite levée, montrant de la main gauche une large bande de parchemin écrit que maintient un ange placé près de lui.

A droite, dans le bas, deux gros anges, presque nus, une bande d'étoffe rouge jetée à travers le corps, l'un debout, l'autre assis, tiennent une longue bande de parchemin où sont tracées des paroles de l'Ecriture sainte.

L'auteur de ce tableau, Jacques Friquet, dit de Vaurose, est né à Troyes le 12 décembre 1638 ; il n'avait donc que trente ans lorsqu'il peignit la *sainte Anne.* Il exécuta beaucoup de travaux dans les *bâtiments du roi* et mourut après 1716.

GRILLE DE L'HOTEL-DIEU

La grille en fer de la cour d'honneur de l'Hôtel-Dieu, sur la rue de la Cité, fut posée en 1760. Cette remarquable œuvre d'art a été exécutée par un serrurier de Paris, Pierre Delphin, dans le meilleur style Louis XV. Il serait difficile de la décrire ; il faut la voir, au moins dans la planche qu'en a donnée M. Fichot, d'après un dessin de M. Selmersheim.

Elle a 35 mètres de longueur. La hauteur, du sol au sommet de la croix du couronnement, est de 12^{m}95.

La partie la plus intéressante, parce qu'elle est la plus richement décorée, est le couronnement qui s'élève au-dessus de la porte d'entrée. Les armes de France, surmontées de la couronne royale et entourées des colliers des ordres de Saint-Michel et du Saint-Esprit, en forment le point central, autour duquel gravitent des volutes et des feuillages artistement travaillés. Une croix fleuronnée, de belles proportions, domine le tout. La dorure, qui relève tout l'ensemble, a été très habilement distribuée et met la grille en grande valeur.

A gauche de la porte, un écusson porte les armes de la ville de Troyes, surmontées de la couronne comtale : *d'azur, à une bande d'argent côtoyée d'une double cotice potencée et contrepotencée de treize pièces d'or, et un chef aussi d'azur chargé de trois fleurs de lys d'or.*

A droite, un autre donne les armes du comte de Clermont, arrière-petit-fils du grand Condé, gouverneur de Champagne depuis 1751 : *de France, au bâton de gueules, péri en bande.*

Au milieu de la partie gauche de la grille sont les armes de **M.** de Saint-Contest de la Châtaigneraye, intendant de Champagne en 1760 : *d'azur, à trois têtes d'aigle arrachées d'or.* Deux aigles servent de supports.

Au milieu de la partie droite de la grille sont les armes de **M**^{me} la comtesse de Morville, née de Vienne, dont le mari, mort en 1732, avait été ministre des affaires étrangères à la mort du cardinal Dubois (1723) et membre de l'Académie française. Ces armoiries sont doubles : *d'azur, à l'épervier d'argent perché sur un bâton de gueules, au chef d'or chargé de trois glands de sinople,* qui est de Morville ; *d'argent, à l'aigle éployée de sable,* qui est de Vienne.

La Révolution mutila la grille de l'Hôtel-Dieu, en brisant toutes les armoiries qui la décoraient. Sous l'Empire, sous la Restauration, sous la monarchie de Juillet, on la défigura à plaisir. Enfin, en 1860, la Commission des hospices, aidée de la Société Académique de l'Aube, résolut de faire une restauration vraiment historique et artistique. Un procès-verbal de la pose des armoiries, dressé le jour même, 6 juin 1760, et retrouvé aux Archives de l'Aube, ne laissait aucun doute au sujet des armes qui devaient être représentées sur les divers écussons [1]. Les indications données par la Société Académique furent suivies de point en point et rendirent à la grille de l'Hôtel-Dieu l'aspect monumental que nous lui voyons aujourd'hui.

---

[1] Le Brun-Dalbanne. *la Grille de l'Hôtel-Dieu de Troyes.* dans les *Mémoires de la Société Académique de l'Aube.* 1860.

PORTAIL MÉRIDIONAL

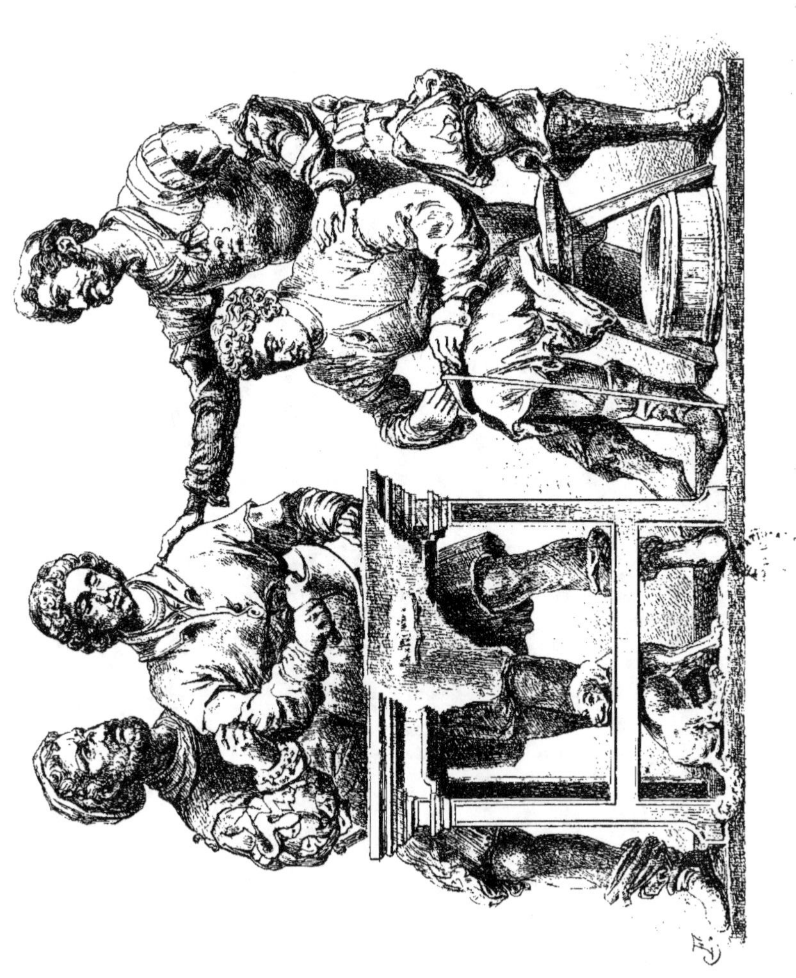

STATUES EN PIERRE PAR DOMINIQUE FLORENTIN

TROYES — ÉGLISE SAINT PANTALÉON

LA RENCONTRE DE SAINT JOACHIM ET DE SAINTE ANNE

St BARTHÉLEMY et Ste MARGUERITE.
Bustes-reliquaires du XVe siècle

STATUE DE LA VIERGE

Commencement du XVIᵉ siècle

STATISTIQUE MONUMENTALE

DU

DÉPARTEMENT DE L'AUBE

PAR

CH. FICHOT

ACCOMPAGNÉE DE CHROMOLITHOGRAPHIES, DE GRAVURES A L'EAU-FORTE
ET DE DESSINS SUR BOIS

DESSINÉS PAR L'AUTEUR

TROYES

LA VILLE ET SES MONUMENTS

5e Volume — 2me Livraison

PARIS — CHEZ L'AUTEUR, 39, RUE DE SÈVRES

TROYES

Chez Charles GRIS, Successeur de MM. Lacroix et Duféy-Robert, libraires

RUE NOTRE-DAME, 83

Et chez tous les Libraires du département de l'Aube

1900

OUVRAGE ENCOURAGÉ

PAR LE MINISTRE DE L'INSTRUCTION PUBLIQUE ET DES BEAUX-ARTS
ET PAR LE CONSEIL GÉNÉRAL DE L'AUBE

PREMIÈRE MÉDAILLE

De l'Académie des inscriptions et belles-lettres

MÉDAILLE D'OR

De la Société académique de l'Aube

PRIX DE 2,000 FRANCS

Fondé par M. le baron Jean JOEST, attribué à M. Ch. FICHOT, par l'Académie des Inscriptions et Belles-Lettres,
pour son IVe volume *Statistique Monumentale du Département de l'Aube*.

Le premier volume comprend :

Les 1er, 2e et 3e cantons de TROYES, avec les cantons d'AIX-EN-OTHE et de BOUILLY

Le deuxième volume :

Les cantons d'ERVY, d'ESTISSAC, de LUSIGNY et de PINEY

Le troisième volume :

TROYES — Les anciennes Maisons, les Hôtels, la Cathédrale et l'Église Saint-Nizier

Le quatrième volume :

Les Églises Saint-Remi, Saint-Jean, Saint-Gilles, Sainte-Madeleine, Saint-Pantaléon et Saint-Nicolas.

EN COURS DE PUBLICATION, LE CINQUIÈME VOLUME QUI COMPRENDRA :

Les Églises Saint-Martin-ès-Vignes, Saint-Urbain, l'Hôtel-Dieu,
Saint-Martin-ès-Aires, la table générale des cinq volumes et la deuxième liste des souscripteurs.

CONDITIONS DE LA SOUSCRIPTION

L'ouvrage se publie par livraisons

2 livraisons par mois

30 livraisons par volume à 2 fr., soit 60 fr. le volume.

On peut souscrire pour un seul volume.

2145.— Lib.-Imp. réunies, 7, rue Saint-Benoît. Paris.

STATISTIQUE MONUMENTALE

DU

DÉPARTEMENT DE L'AUBE

PAR

CH. FICHOT

ACCOMPAGNÉE DE CHROMOLITHOGRAPHIES, DE GRAVURES A L'EAU-FORTE
ET DE DESSINS SUR BOIS

DESSINÉS PAR L'AUTEUR

TROYES

LA VILLE ET SES MONUMENTS

5ᵉ *Volume* — 3ᵐᵉ *Livraison*

PARIS — CHEZ L'AUTEUR, 39, RUE DE SÈVRES

TROYES

Chez Charles GRIS, Successeur de MM. Lacroix et Dufëy-Robert, libraires

RUE NOTRE-DAME, 83

Et chez tous les Libraires du département de l'Aube

1900

STATISTIQUE MONUMENTALE

DU

DÉPARTEMENT DE L'AUBE

PAR

CH. FICHOT

ACCOMPAGNÉE DE CHROMOLITHOGRAPHIES, DE GRAVURES A L'EAU-FORTE
ET DE DESSINS SUR BOIS

DESSINÉS PAR L'AUTEUR

TROYES

LA VILLE ET SES MONUMENTS

5ᵉ Volume — 4ᵉ Livraison

PARIS — CHEZ L'AUTEUR, 39, RUE DE SÈVRES

TROYES

Chez Charles GRIS, Successeur de MM. Lacroix et Duféy-Robert, libraires

RUE NOTRE-DAME, 83

Et chez tous les Libraires du département de l'Aube

1901

STATISTIQUE MONUMENTALE

DU

DÉPARTEMENT DE L'AUBE

PAR

CH. FICHOT

ACCOMPAGNÉE DE CHROMOLITHOGRAPHIES, DE GRAVURES A L'EAU-FORTE
ET DE DESSINS SUR BOIS

DESSINÉS PAR L'AUTEUR

TROYES

LA VILLE ET SES MONUMENTS

5ᵉ *Volume* — 5ᵉ *Livraison*

PARIS — CHEZ L'AUTEUR, 39, RUE DE SÈVRES

TROYES

Chez Charles GRIS, Successeur de MM. Lacroix et Dufëy-Robert, libraires

RUE NOTRE-DAME, 88

Et chez tous les Libraires du département de l'Aube

1901

OUVRAGE ENCOURAGÉ

PAR LE MINISTRE DE L'INSTRUCTION PUBLIQUE ET DES BEAUX-ARTS
ET PAR LE CONSEIL GÉNÉRAL DE L'AUBE

PREMIÈRE MÉDAILLE

De l'Académie des inscriptions et belles-lettres

MÉDAILLE D'OR

De la Société académique de l'Aube

PRIX DE 2,000 FRANCS

Fondé par M. le baron Jean JOEST, attribué à M. Ch. FICHOT, par l'Académie des Inscriptions et Belles-Lettres, pour son IVe volume *Statistique Monumentale du Département de l'Aube.*

Le premier volume comprend :

Les Ier, 2e et 3e cantons de TROYES, avec les cantons d'AIX-EN-OTHE et de BOUILLY

Le deuxième volume :

Les cantons d'ERVY, d'ESTISSAC, de LUSIGNY et de PINEY

Le troisième volume :

TROYES — Les anciennes Maisons, les Hôtels, la Cathédrale et l'Église Saint-Nizier

Le quatrième volume :

Les Églises Saint-Remi, Saint-Jean, Saint-Gilles, Sainte-Madeleine, Saint-Pantaléon et Saint-Nicolas.

EN COURS DE PUBLICATION, LE CINQUIÈME VOLUME QUI COMPRENDRA :

Les Églises Saint-Martin-ès-Vignes, Saint-Urbain, l'Hôtel-Dieu,
Saint-Martin-ès-Aires, la table générale des cinq volumes et la deuxième liste des souscripteurs.

CONDITIONS DE LA SOUSCRIPTION

L'ouvrage se publie par livraisons

2 livraisons par mois

30 livraisons par volume à 2 fr., soit 60 fr. le volume.

On peut souscrire pour un seul volume.

2145.— Lib.-Imp. réunies, 7, rue Saint-Benoît. Paris.

STATISTIQUE MONUMENTALE

DU

DÉPARTEMENT DE L'AUBE

PAR

CH. FICHOT

ACCOMPAGNÉE DE CHROMOLITHOGRAPHIES, DE GRAVURES A L'EAU-FORTE
ET DE DESSINS SUR BOIS

DESSINÉS PAR L'AUTEUR

TROYES

LA VILLE ET SES MONUMENTS

5e *Volume* — *6ᵉ Livraison*

PARIS — CHEZ L'AUTEUR, 39, RUE DE SÈVRES

TROYES

Chez Charles GRIS, Successeur de MM. Lacroix et Duféy-Robert, libraires

RUE NOTRE-DAME, 83

Et chez tous les Libraires du département de l'Aube

1901

OUVRAGE ENCOURAGÉ

PAR LE MINISTRE DE L'INSTRUCTION PUBLIQUE ET DES BEAUX-ARTS
ET PAR LE CONSEIL GÉNÉRAL DE L'AUBE

PREMIÈRE MÉDAILLE

De l'Académie des inscriptions et belles-lettres

MÉDAILLE D'OR

De la Société académique de l'Aube

PRIX DE 2,000 FRANCS

Fondé par M. le baron Jean JOEST, attribué à M. Ch. FICHOT, par l'Académie des Inscriptions et Belles-Lettres, pour son IVᵉ volume *Statistique Monumentale du Département de l'Aube.*

Le premier volume comprend :

Les 1ᵉʳ, 2ᵉ et 3ᵉ cantons de TROYES, avec les cantons d'AIX-EN-OTHE et de BOUILLY

Le deuxième volume :

Les cantons d'ERVY, d'ESTISSAC, de LUSIGNY et de PINEY

Le troisième volume :

TROYES — Les anciennes Maisons, les Hôtels, la Cathédrale et l'Église Saint-Nizier

Le quatrième volume :

Les Églises Saint-Remi, Saint-Jean, Saint-Gilles, Sainte-Madeleine, Saint-Pantaléon et Saint-Nicolas.

EN COURS DE PUBLICATION, LE CINQUIÈME VOLUME QUI COMPRENDRA :

Les Églises Saint-Martin-ès-Vignes, Saint-Urbain, l'Hôtel-Dieu,
Saint-Martin-ès-Aires, la table générale des cinq volumes et la deuxième liste des souscripteurs.

CONDITIONS DE LA SOUSCRIPTION

L'ouvrage se publie par livraisons
2 livraisons par mois
30 livraisons par volume à 2 fr., soit 60 fr. le volume.

On peut souscrire pour un seul volume.

2145.— Lib.-Imp. réunies, 7, rue Saint-Benoît. Paris.

STATISTIQUE MONUMENTALE

DU

DÉPARTEMENT DE L'AUBE

PAR

CH. FICHOT

ACCOMPAGNÉE DE CHROMOLITHOGRAPHIES, DE GRAVURES A L'EAU-FORTE
ET DE DESSINS SUR BOIS

DESSINÉS PAR L'AUTEUR

TROYES

LA VILLE ET SES MONUMENTS

5ᵉ Volume — 7ᵐᵉ Livraison

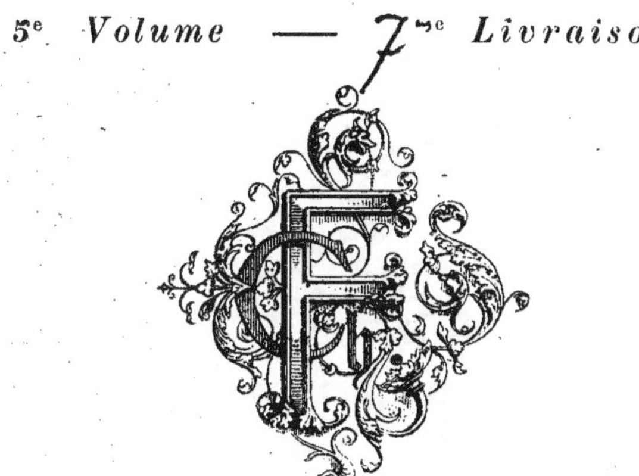

PARIS — CHEZ L'AUTEUR, 39, RUE DE SÈVRES

TROYES

Chez Charles GRIS, Successeur de MM. Lacroix et Dufëy-Robert, libraires

RUE NOTRE-DAME, 83

Et chez tous les Libraires du département de l'Aube

1901

OUVRAGE ENCOURAGÉ

PAR LE MINISTRE DE L'INSTRUCTION PUBLIQUE ET DES BEAUX-ARTS
ET PAR LE CONSEIL GÉNÉRAL DE L'AUBE

PREMIÈRE MÉDAILLE

De l'Académie des inscriptions et belles-lettres

MÉDAILLE D'OR

De la Société académique de l'Aube

PRIX DE 2,000 FRANCS

Fondé par M. le baron Jean JOEST, attribué à M. Ch. FICHOT, par l'Académie des Inscriptions et Belles-Lettres, pour son IVe volume *Statistique Monumentale du Département de l'Aube.*

Le premier volume comprend :

Les Ier, 2e et 3e cantons de TROYES, avec les cantons d'AIX-EN-OTHE et de BOUILLY

Le deuxième volume :

Les cantons d'ERVY, d'ESTISSAC, de LUSIGNY et de PINEY

Le troisième volume :

TROYES — Les anciennes Maisons, les Hôtels, la Cathédrale et l'Église Saint-Nizier

Le quatrième volume :

Les Églises Saint-Remi, Saint-Jean, Saint-Gilles, Sainte-Madeleine, Saint-Pantaléon et Saint-Nicolas.

EN COURS DE PUBLICATION, LE CINQUIÈME VOLUME QUI COMPRENDRA :

Les Églises Saint-Martin-ès-Vignes, Saint-Urbain, l'Hôtel-Dieu,
Saint-Martin-ès-Aires, la table générale des cinq volumes et la deuxième liste des souscripteurs.

CONDITIONS DE LA SOUSCRIPTION

L'ouvrage se publie par livraisons

2 livraisons par mois

30 livraisons par volume à 2 fr., soit 60 fr. le volume.

On peut souscrire pour un seul volume.

2145. — Lib.-Imp. réunies, 7, rue Saint-Benoît. Paris.

STATISTIQUE MONUMENTALE

DU

DÉPARTEMENT DE L'AUBE

PAR

CH. FICHOT

ACCOMPAGNÉE DE CHROMOLITHOGRAPHIES, DE GRAVURES A L'EAU-FORTE
ET DE DESSINS SUR BOIS

DESSINÉS PAR L'AUTEUR

TROYES

LA VILLE ET SES MONUMENTS

5ᵉ *Volume* — *8ᵉ Livraison*

PARIS — CHEZ L'AUTEUR, 39, RUE DE SÈVRES

TROYES

Chez Charles GRIS, Successeur de MM. Lacroix et Duféy-Robert, libraires

RUE NOTRE-DAME, 88

Et chez tous les Libraires du département de l'Aube

1900

STATISTIQUE MONUMENTALE

DU

DÉPARTEMENT DE L'AUBE

PAR

CH. FICHOT

ACCOMPAGNÉE DE CHROMOLITHOGRAPHIES, DE GRAVURES A L'EAU-FORTE

ET DE DESSINS SUR BOIS

DESSINÉS PAR L'AUTEUR

TROYES

LA VILLE ET SES MONUMENTS

5ᵉ Volume — 9ᵐᵉ Livraison

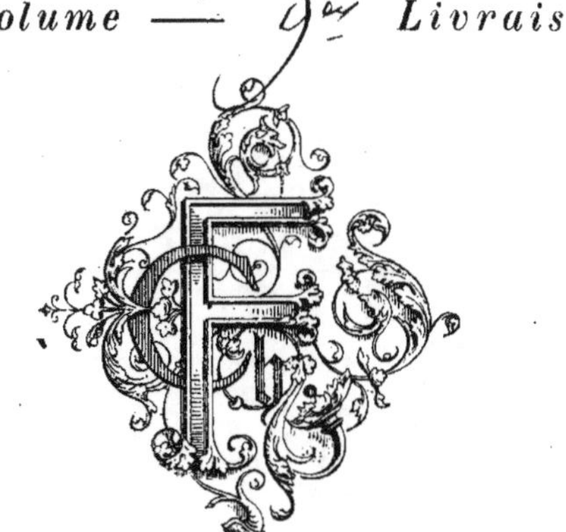

PARIS — CHEZ L'AUTEUR, 39, RUE DE SÈVRES

TROYES

Chez Charles GRIS, Successeur de MM. Lacroix et Duféy-Robert, libraires

RUE NOTRE-DAME, 83

Et chez tous les Libraires du département de l'Aube

1900

STATISTIQUE MONUMENTALE

DU

DÉPARTEMENT DE L'AUBE

PAR

CH. FICHOT

ACCOMPAGNÉE DE CHROMOLITHOGRAPHIES, DE GRAVURES A L'EAU-FORTE
ET DE DESSINS SUR BOIS

DESSINÉS PAR L'AUTEUR

TROYES

LA VILLE ET SES MONUMENTS

5ᵉ Volume — *10ᵉ Livraison*

PARIS — CHEZ L'AUTEUR, 39, RUE DE SÈVRES

TROYES

Chez Charles GRIS, Successeur de MM. Lacroix et Dufëy-Robert, libraires

RUE NOTRE-DAME, 83

Et chez tous les Libraires du département de l'Aube

1900

STATISTIQUE MONUMENTALE

DU

DÉPARTEMENT DE L'AUBE

PAR

CH. FICHOT

ACCOMPAGNÉE DE CHROMOLITHOGRAPHIES, DE GRAVURES A L'EAU-FORTE

ET DE DESSINS SUR BOIS

DESSINÉS PAR L'AUTEUR

TROYES

LA VILLE ET SES MONUMENTS

5ᵉ *Volume* — *11ᵐᵉ Livraison*

PARIS — CHEZ L'AUTEUR, 39, RUE DE SÈVRES

TROYES

Chez Charles GRIS, Successeur de MM. Lacroix et Dufëy-Robert, libraires

RUE NOTRE-DAME, 83

Et chez tous les Libraires du département de l'Aube

1900

EN COURS DE PUBLICATION

Le troisième volume sur LA VILLE DE TROYES

formant le 5ᵉ volume de l'Arrondissement

OUVRAGE ENCOURAGÉ

PAR LE MINISTRE DE L'INSTRUCTION PUBLIQUE ET DES BEAUX-ARTS
ET PAR LE CONSEIL GÉNÉRAL DE L'AUBE

PREMIÈRE MÉDAILLE

De l'Académie des inscriptions et belles-lettres

MÉDAILLE D'OR

De la Société académique de l'Aube

Le premier volume comprend :

Les 1ᵉʳ, 2ᵉ et 3ᵉ cantons de TROYES, avec les cantons d'AIX-EN-OTHE et de BOUILLY

Le deuxième volume :

Les cantons d'ERVY, d'ESTISSAC, de LUSIGNY et de PINEY

Le troisième volume :

TROYES — Les anciennes Maisons, les Hôtels, la Cathédrale et l'Église Saint-Nizier

Le quatrième volume :

Les Églises Saint-Remi, Saint-Jean, Saint-Gilles, Sainte-Madeleine, Saint-Pantaléon et Saint-Nicolas.

Le cinquième volume comprendra :

Les Églises Saint-Martin-ès-Vignes, Saint-Urbain, l'Hôtel-Dieu, Saint-Martin-ès-Vères,
la table générale des cinq volumes et la deuxième liste des souscripteurs.

CONDITIONS DE LA SOUSCRIPTION

L'ouvrage se publie par livraisons
2 livraisons par mois
30 livraisons par volume à 2 fr., soit 60 fr. le volume.

On peut souscrire pour un seul volume.

18809. — Lib.-Imp. réunies, 7 rue Saint-Benoît. Paris.

STATISTIQUE MONUMENTALE

DU

DÉPARTEMENT DE L'AUBE

PAR

CH. FICHOT

ACCOMPAGNÉE DE CHROMOLITHOGRAPHIES, DE GRAVURES A L'EAU-FORTE
ET DE DESSINS SUR BOIS

DESSINÉS PAR L'AUTEUR

TROYES

LA VILLE ET SES MONUMENTS

5ᵉ *Volume* — /2ᵉ *Livraison*

PARIS — CHEZ L'AUTEUR, 39, RUE DE SÈVRES

TROYES

Chez Charles GRIS, Successeur de MM. Lacroix et Duféy-Robert, libraires

RUE NOTRE-DAME, 83

Et chez tous les Libraires du département de l'Aube

1900

STATISTIQUE MONUMENTALE

DU

DÉPARTEMENT DE L'AUBE

PAR

CH. FICHOT

ACCOMPAGNÉE DE CHROMOLITHOGRAPHIES, DE GRAVURES A L'EAU-FORTE
ET DE DESSINS SUR BOIS

DESSINÉS PAR L'AUTEUR

TROYES

LA VILLE ET SES MONUMENTS

5ᵉ *Volume* —— *13ᵉ Livraison*

PARIS — CHEZ L'AUTEUR, 39, RUE DE SÈVRES

TROYES

Chez Charles GRIS, Successeur de MM. Lacroix et Dufëy-Robert, libraires

RUE NOTRE-DAME, 83

Et chez tous les Libraires du département de l'Aube

1900

OUVRAGE ENCOURAGÉ

PAR LE MINISTRE DE L'INSTRUCTION PUBLIQUE ET DES BEAUX-ARTS
ET PAR LE CONSEIL GÉNÉRAL DE L'AUBE

PREMIÈRE MÉDAILLE

De l'Académie des Inscriptions et Belles-Lettres

MÉDAILLE D'OR

De la Société Académique de l'Aube

PRIX DE 2.000 FRANCS

Fondé par M. le baron Jean JOEST, attribué à M. Ch. FICHOT, par l'Académie des Inscriptions et Belles-Lettres,
pour son IVᵉ volume *Statistique Monumentale de l'Aube.*

Le premier volume comprend :

Les 1ᵉʳ, 2ᵉ et 3ᵉ cantons de TROYES, avec les cantons d'AIX-EN-OTHE et de BOUILLY

Le deuxième volume :

Les cantons d'ERVY, d'ESTISSAC, de LUSIGNY et de PINEY

Le troisième volume :

TROYES — Les anciennes Maisons, les Hôtels, la Cathédrale et l'Église Saint-Nizier

Le quatrième volume :

Les Églises Saint-Remi, Saint-Jean, Saint-Gilles, Sainte-Madeleine, Saint-Pantaléon et Saint-Nicolas

EN COURS DE PUBLICATION LE CINQUIÈME VOLUME QUI COMPRENDRA :

Les Églises Saint-Martin-ès-Vignes, Saint-Urbain, l'Hôtel-Dieu, Saint-Martin-ès-Aires,
le Musée, la Bibliothèque, la table générale des cinq volumes et la deuxième liste des souscripteurs.

CONDITIONS DE LA SOUSCRIPTION

L'ouvrage se publie par livraisons

30 livraisons par volume à 2 fr., soit 60 fr. le volume.

On peut souscrire pour un seul volume.

Troyes, Imprimerie P. Nouel.

STATISTIQUE MONUMENTALE

DU

DÉPARTEMENT DE L'AUBE

PAR

CH. FICHOT

OUVRAGE CONTINUÉ PAR CH. GRIS

ILLUSTRÉ DE CHROMOLITHOGRAPHIES, DE GRAVURES A L'EAU-FORTE ET DE DESSINS SUR BOIS

TROYES

LA VILLE ET SES MONUMENTS

5ᵉ Volume — **4ᵉ Livraison**

TROYES

Librairie Charles GRIS, 70, rue Notre-Dame, 70

Et chez tous les Libraires du département de l'Aube

1907

EN COURS DE PUBLICATION

Le troisième volume sur LA VILLE DE TROYES

formant le 5ᵉ volume de l'Arrondissement

OUVRAGE ENCOURAGÉ

PAR LE MINISTRE DE L'INSTRUCTION PUBLIQUE ET DES BEAUX-ARTS
ET PAR LE CONSEIL GÉNÉRAL DE L'AUBE

PREMIÈRE MÉDAILLE
De l'Académie des inscriptions et belles-lettres

MÉDAILLE D'OR
De la Société académique de l'Aube

Le premier volume comprend :

Les 1ᵉʳ, 2ᵉ et 3ᵉ cantons de TROYES, avec les cantons d'AIX-EN-OTHÉ et de BOUILLY

Le deuxième volume :

Les cantons d'ERVY, d'ESTISSAC, de LUSIGNY et de PINEY

Le troisième volume :

TROYES — Les anciennes Maisons, les Hôtels, la Cathédrale et l'Église Saint-Nizier

Le quatrième volume :

Les Églises Saint-Remi, Saint-Jean, Saint-Gilles, Sainte-Madeleine, Saint-Pantaléon et Saint-Nicolas

Le cinquième volume comprendra :

Les Églises Saint-Martin-ès-Vignes, Saint-Urbain, l'Hôtel-Dieu, Saint-Martin-ès-Vères,
la table générale des cinq volumes et la deuxième liste des souscripteurs.

CONDITIONS DE LA SOUSCRIPTION

L'ouvrage se publie par livraisons

2 livraisons par mois

30 livraisons par volume à 2 fr., soit 60 fr. le volume.

On peut souscrire pour un seul volume.

18809. — Lib.-Imp. réunies, 7 rue Saint-Benoît. Paris.

STATISTIQUE MONUMENTALE

DU

DÉPARTEMENT DE L'AUBE

PAR

CH. FICHOT

OUVRAGE CONTINUÉ PAR CH. GRIS

ILLUSTRÉ DE CHROMOLITHOGRAPHIES, DE GRAVURES A L'EAU-FORTE ET DE DESSINS SUR BOIS

TROYES

LA VILLE ET SES MONUMENTS

5ᵉ Volume ——— 13ᵉ Livraison

TROYES

Librairie Charles GRIS, 70, rue Notre-Dame, 70

Et chez tous les Libraires du département de l'Aube

1907